SPACE EVENT
空间盛典
江西设计十年
Decennium Design in Jiangxi

闫京 主编

华中科技大学出版社
http://www.hustp.com
中国·武汉

序言I

江西的室内设计行业这几年得到了长足的发展，从事室内设计的设计师逐步成熟，包括在外地从业的一大批设计师都做出了很优异的成绩。虽然他们起步较沿海城市相对晚些，但是这一群体他们善于学习、借鉴及与其他地区的同行进行交流，积极参与我会（CIID）组织的各项活动，不仅开阔了眼界，而且在全国组织的赛事中取得了可喜的成绩，从而树立起自己的形象和应有的地位，得到社会的认可，这为他们更好的发展奠定了有利的基础。在这样的条件下，他们出版了这本作品集，借以宣传这一群体。作品集很好地反映和记录了这些年来他们自己辛勤耕耘的成果，以及从一个侧面大致代表了江西室内设计行业的发展水平。回顾过去、展望未来，不断总结和交流，并接受社会的检阅和评价，这也是一种勇气和进步，应该说这是一件很有意义的事，也很值得庆幸。

设计是不可低估的策略性资产，它关系到社会的方方面面，城市规划，建筑设计、室内设计及各种产品设计，都不可或缺，它体现了社会进步，也传承历史文化的脉搏，是朝阳行业，应该得到重视。现在国内外每年都有大小不等的设计大会和相应的社会组织开展丰富多样的活动，其中室内设计大多会包含在内，说明这一专业与人们生活的密切关系和社会影响力的增加。我国的室内设计经过二三十年的发展，市场已发生了根本的变化，设计更趋于理性，表面文章的设计更少有市场、功能性的理念得到重视，室内空间处理更重视与建筑本体的结合、重视环保绿色循环经济的产业发展政策。这反映了社会在进步，我们的设计师在成熟，肩负起更大的社会责任，我们高兴地看到江西设计师也毫不例外的与此同步，并为这一行业健康有序的发展做着应有的贡献。

江西有着丰富的自然遗产和文化遗产，这些都为设计师提供了取之不尽的创作灵感，设计师需要了解生活，体验地域文化的存在背景，这样才会设计出个性鲜明、与众不同的优秀作品。

这本作品集的出版，仅仅是开了一个头，相信以后会有更多的作品集面世，包括设计师个人的。对收录在其中的工程案例或方案，希望读者不要局限在鉴赏阅读，还可以开展评论，这将更有利于提高我们的创作水平，促使更多的优秀作品问世，推动这一行业向前发展。设计会让生活更美好，我们的期待一定能实现。

中国建筑学会室内设计分会
原副理事长 资深顾问 劳智权
于北京

序言II

江西历史悠久、文化灿烂，素有“物华天宝、人杰地灵”“雄州雾列、俊采星驰”之美誉。自古以来人才辈出，群星璀璨。

依托如此夯实的文化土壤， 也使得现代的江西室内设计界涌现出一批优秀的设计公司与设计师！光阴荏苒，江西的设计力量在酝酿和积蓄中谋发展，经过多年的努力和积淀，今天，江西的室内设计师们无论在设计水平还是专业素养上都达到了一定的层次，取得了不错的成绩。江西虽然在经济上还属于欠发达省份，但在设计行业，江西为全国培养并输出了大批的人才，这些江西籍的设计师在各地都为室内设计行业的发展作出了很大的贡献！

《空间盛典——江西室内设计十年》是中国建筑学会室内设计分会27（江西）专委会为近年来在设计行业取得一定成绩的江西籍和在江西工作的设计师所做的一次总结。通过作品集的方式去总结江西的设计历程和成果，并把他们推广出去是非常有必要的！本书将展现江西的设计水平，并将作为江西设计界的成果流传下去，同时具有划时代的里程碑意义：是江西设计师近十年来设计成果的完整展示，是扩大江西设计师知名度最好的平台。

本书的编撰过程中也得到了很多在外地工作的江西籍设计师的大力支持，虽然由于收稿时间紧迫等原因，有部分设计师的作品未能收录进来，但在此，向萧爱彬、汪晖、吕邵苍、邓键等各位身在异地但仍挂念家乡的江西籍设计师表示衷心的感谢！

同时感谢在本书编撰过程中做了大量工作的易峥嵘及特约摄影师邓金泉。

主编：中国建筑学会室内设计分会常务理事

中国建筑学会室内设计分会27（江西）专委会主任　闫京

编委会：闫京、陶向军、辛冬根、李海林、田鸿喜、李信伟、杨树林、易峥嵘、童武民

目录

萧爱彬

上海装饰装修行业协会常务理事
上海装饰装修行业协会设计专委会常委 上海室内装饰行业协会常委 高级建筑室内设计师 高级室内设计师 中国版画家协会会员

毕业于四川美术学院

四川师范大学视觉艺术学院客座教授
上海萧氏设计董事长、总设计师

太湖高尔夫别墅

Design Company: Xiao's Design
Designer: Xiao Aibing,Tu Jiangjiang
Project Area: 770 m^2
Project Location: Suzhou in Jiangsu Province

设计公司：萧氏设计
设 计 师：萧爱彬、屠江江
项目面积：770 m^2
项目地点：江苏苏州

苏州太湖高尔夫别墅是一幢具有东方风格的现代建筑，本案设计将以新东方风格作为视觉定位，让室内与室外达成统一。

因为地处江南最美风景区太湖，又拥有高尔夫球场，所以在室内设计和装修上要求体现高品位的生活情趣。设计展现出线条简洁、细节丰富、空间流畅、材质高档、动感明确、功能完善、视觉优美，达成形式和内容的统一，功能和美感的完美结合。注重居住文化的高品位体现、高端生活方式的引导，样板房更应该具有这种功能，让业主为拥有此屋和如此高品质的生活而自豪。

设计师在空间和视觉美感设计上做了精心的安排，巧妙地处理了空间与空间的转换关系、虚实关系，让参观者每走一步都有惊喜。每一个细节都体现本项目开发商追求高品质和精心打造精品的决心，而原创设计又给参观者带来了与过往不同的体验。

功能设计上，新增加了一些单项，比如瓷器间（具展示功能，可根据访客的不同，季节的不同，摆放不同的展示物品）、暗室（业主的密件、档案、贵重物品收藏的空间），还有用于艺术品收藏和展示的空间，负一层的休息空间为业主提供了全新而又必不可少的生活方式。

在空间的利用上，把二楼的斜屋顶有效地利用起来。书房做了夹层，利用斜坡的高度，可以设计成客人的卧室，主人房的斜顶部分可用作换季衣服的贮藏空间。楼梯是一个可伸缩的隐梯，既实用又美观。

在设计方面充分利用建筑的特点，斜屋顶和高空间不做单纯的装饰，把建筑的缺点转化为优点，让建筑的优点发挥出更大的优势，充分体现豪宅的大气。让业主深深体会设计师的用心和本项目的精致之处，从而觉得拥有它才是不二的选择。

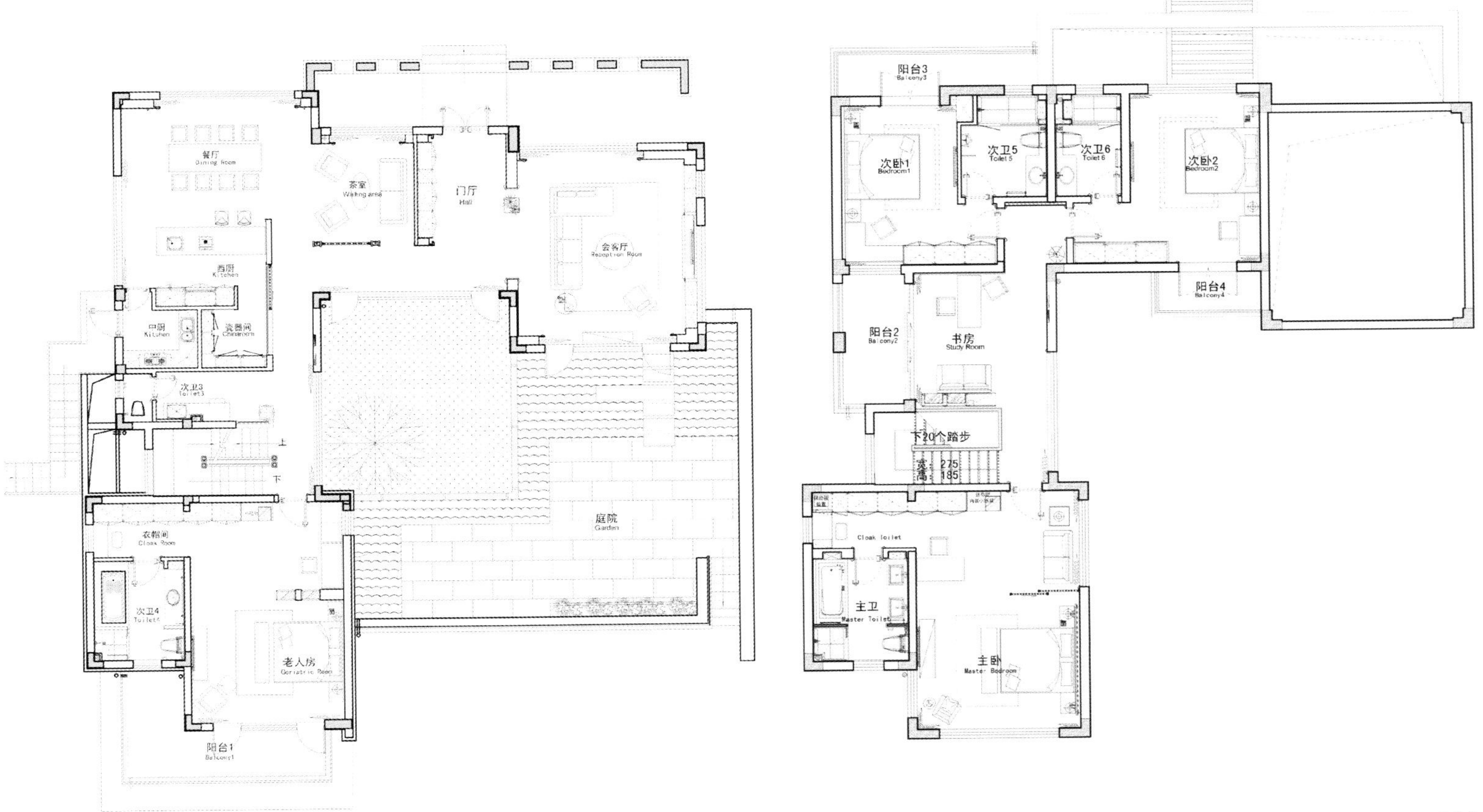

餐厅
Dining Room
茶室
Waiting area
门厅
Hall
会客厅
Reception Room
西厨
Kitchen
中厨
Kitchen
瓷器间
Chinaroom
次卫3
Toilet3
上
下
庭院
Garden
衣帽间
Cloak Room
次卫4
Toilet4
老人房
Geriatric Room
阳台1
Balcony1
阳台3
Balcony3
次卧1
Bedroom1
次卫5
Toilet 5
次卫6
Toilet 6
次卧2
Bedroom2
阳台4
Balcony4
阳台2
Balcony2
书房
Study Room
下20个踏步
宽：275
高：185
Cloak Toilet
主卫
Master Toilet
主卧
Master Bedroom

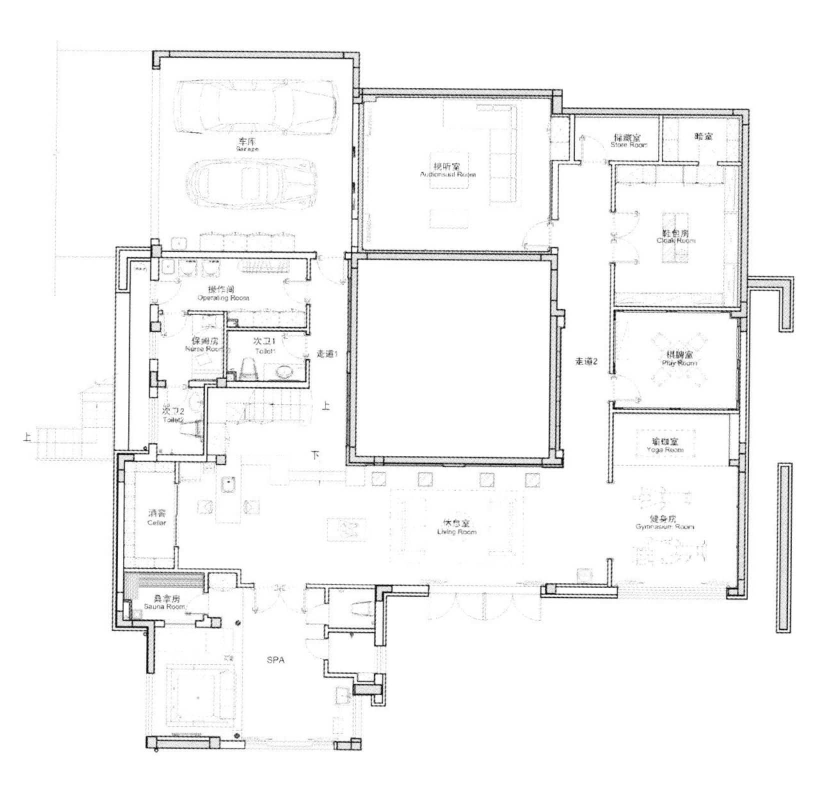

车库
Garage
视听室
Audiovisual Room
储藏室
Store Room
衣帽间
Cloak Room
操作间
Operating Room
保姆房
Nurse Room
次卫1
Toilet
走道1
走道2
棋牌室
Play Room
次卫2
Toilet2
上
下
瑜伽室
Yoga Room
酒窖
Cellar
休息室
Living Room
健身房
Gymnasium Room
桑拿房
Sauna Room
SPA

递展家居展示厅
意大利Cattelan Italla 家具

Design Company: Xiao's Design
Designer: Xiao Aibing
Project Area: 580 m²
Project Location: Shanghai Zhao Lane furniture village

设计公司：萧氏设计
设 计 师：萧爱彬
项目面积：580m²
项目地点：上海赵巷家具村

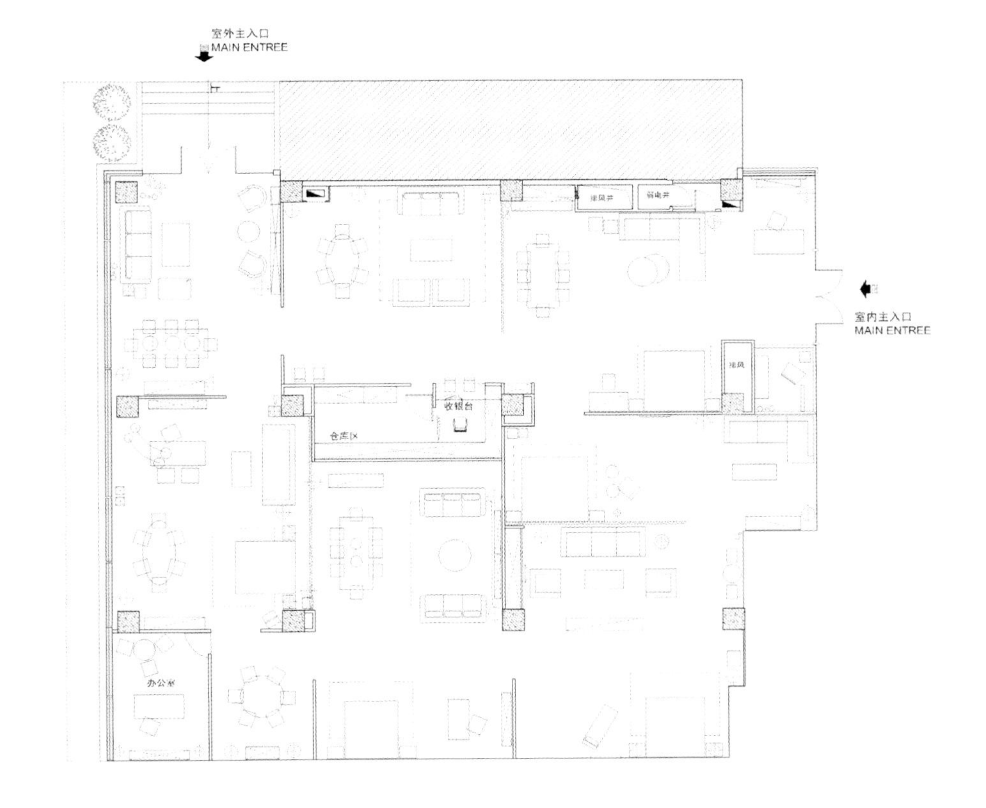
室外主入口
MAIN ENTREE
排风井
弱电井
室内主入口
MAIN ENTREE
排风
收银台
仓库区
办公室

意大利高档家具卡特兰（CATTELAN）是递展家居代理的第一个国外品牌。它的现代系列和新古典的黑系列（noir）都是有鲜明个性的品牌家具。近年来它是米兰家具展上最耀眼的明星。当它进入中国，应以什么样的姿态来呈现在国人的面前？设计师运用简洁干净的手法，利用黑白对比关系，使家具产品跳跃出来。

产品展示空间的设计，关键是把产品衬托出来，顶面、地面、墙面的造型都要为产品服务。本案设计的突出特点是，顶棚上方大小不同、厚薄不一的方块就像是漂浮的白云，让空间显得活泼生动，同时又具有照明的功能。纯正的意大利设计风格使得产品本身就非常漂亮，空间的设计就更需要单纯。地面的黑白转换关系也是根据产品的色彩变化而变化的，从而达到极佳的统一效果。每年的四月，世界各地的设计师都会奔向米兰看家具展，本设计就是将对米兰家具展的亲身体验和对产品的理解进一步诠释，自由的空间和静雅的色彩使每一位参观者在一个轻松自在的环境里徜徉，从而引起购买的冲动。体验式消费是当今最倡导的一种方式，高档精良的产品不是非得要昂贵的装饰材料去衬托才能体现它的贵气，重要的是合理，是给人一种放松的生活状态。设计师在做每一个设计时，基本都秉承向上的、健康的生活方式，用国际化的语言告诉大家我们应该追求什么样的生活方式。

金海澜

Designer: Lv Shaocang
Project Location: Wuxi in Jiangsu Province

设 计 师：吕邵苍
项目地点：江苏无锡

吕邵苍

中国建筑学会室内设计分会理事
中国建筑学会室内设计无锡第36（无锡）分会副主任
国际IFI设计学会会员

毕业于南昌大学建筑学院，清华建筑设计与工程首届高研班
现进修于清华大学-米兰理工大学室内设计硕士班
现任金螳螂设计八院院长、总设计师

中国百名优秀室内建筑师
2004、2005年度荣获中国室内设计师十大年度封面人物提名奖
2005 id+c第十期专访设计师人物

女娲用泥土和水创造了男人和女人。亚当和夏娃偷吃禁果，从而开辟了一个关于人类的世界。

这是一种动人的创造。水疗SPA，一个关于男人与女人的话题，我们又要创造什么呢?

男人意味着力量、速度、激情……女人意味着曲线、柔美、享受……

男人与女人在结合的一刹那就已经发生了本质性的改变。

男人与女人是关于分裂、游离、融合、共生的一个过程，我们创造性的把这个过程演绎成为水疗的流程。

大厅意味着分裂，水区意味着游离，而走道与包厢意味着融合与共生。

所以就有了黑色的力量空间、白色曲线的柔美空间，天地一色的走道意味着融合的前奏与共生。

我们创造了一个关于“设界”“色界”的全新的场所，从而有了一种全新的SPA视觉体验。

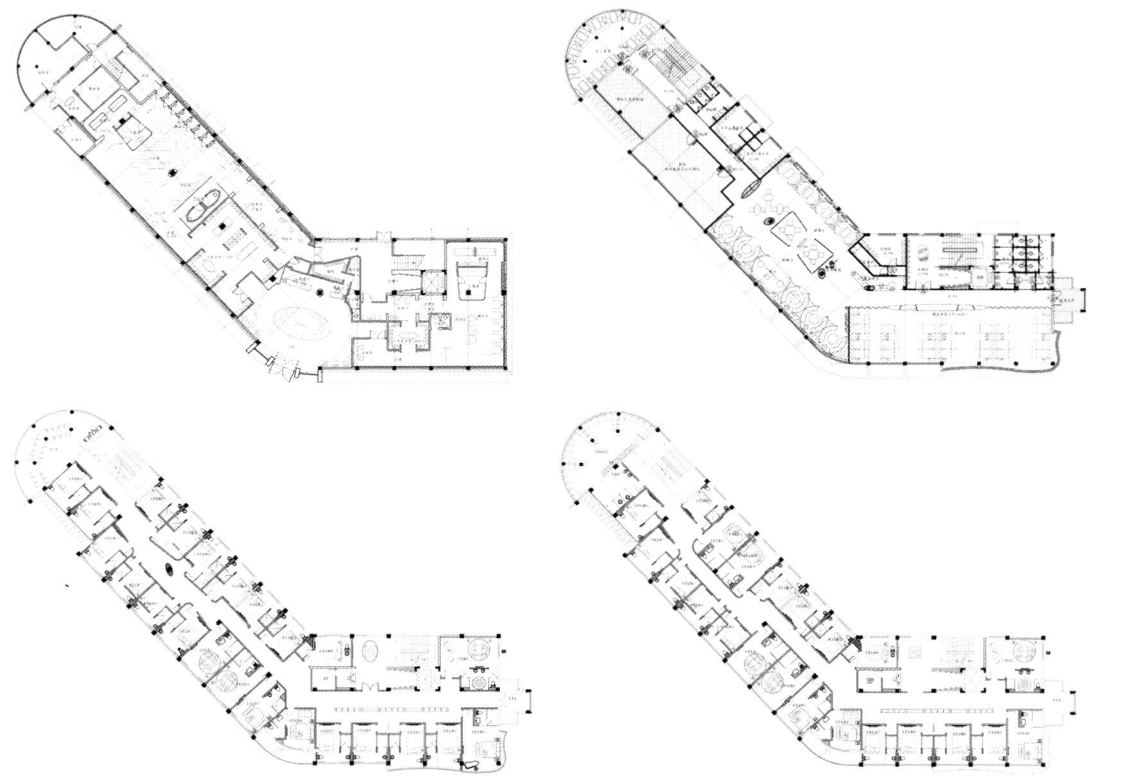

名仕会SPA

Designer: Lv Shaocang
Project Location: Wuxi in Jiangsu Province

设 计 师：吕邵苍
项目地点：江苏无锡

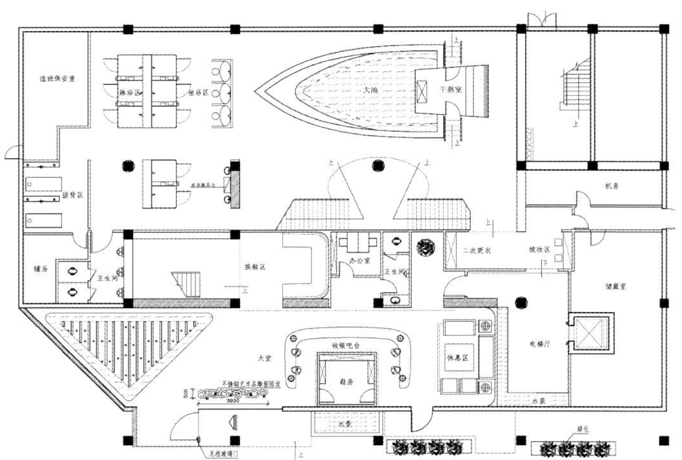

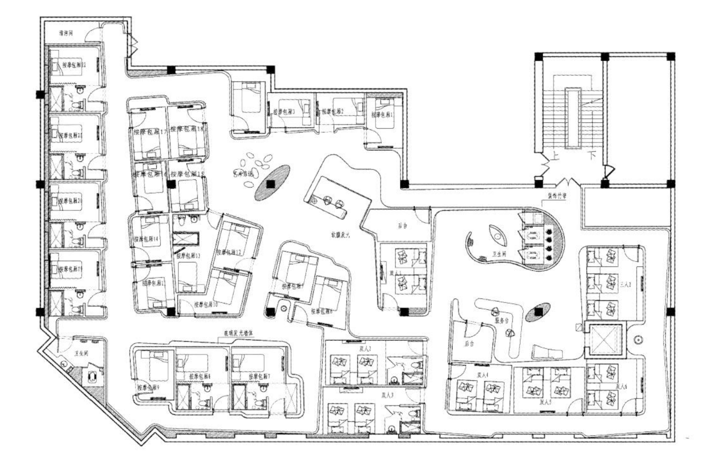

设计之初，我们重新梳理了我们对SPA的理解。

我们认为SPA是一个关于水的娱乐项目。人在这个场景中应该是一次体验之旅。什么东西能够象征性地表达人的这一体验要求呢？我们想到了豪华游艇这一载体。

豪华游艇作为与水有关的一个奢华的体验项目，可以很好地表达我们对SPA的理解。会所的概念即刻在我们的设计上脱颖而出。我们的这次设计就有了这样一个主线，豪华游艇上的一次聚会，出海之行的体验之旅……

所有的设计素材、符号、灯光、色彩、形式，均是为了精准表达这一设计理念，所以就有了创造性的豪华游艇形状的泳池。干蒸房成为游艇的船舱架于水面之上，颜色只有白色和深蓝色，唯一跳跃的是深海里面五光十色的鱼。白色乳胶漆墙面在LED蓝色灯光的映衬下，显得尤为纯净。

如水般的形体与动态十足的通道，恍如游艇在海上轻快地漂移。

没有可以与不可以的东西在这个场景中出现，项目最终呈现的是一种从未有过的纯粹与干净。

原创设计的本质是原创的思维体系与原创性的理解项目，从而塑造全新的设计语言，获得具有国际化视界的可能性与突破性。

中建芙蓉和苑A5户型样板房软装配饰

Design Company: Hunan Freesky Decoration Design and Engineering Co., Ltd.
Designer: Wang Hui
Project Area: 300 m²
Project Location: Changsha in Hunan Province
Projector Director: Hu Ruie

设计公司：湖南自在天装饰设计工程有限公司
设 计 师：汪晖
项目面积：300m²
项目地点：湖南长沙
项目负责人：扈瑞娥

汪晖

中国陈设艺术委员会湖南分会秘书长兼主任
中国建筑学会室内设计分会湖南专业委员会理事
中国建筑学会室内设计分会会员、室内建筑师
湖南省艺术家协会委员
意大利米兰理工大学室内设计管理硕士
湖南自在天装饰设计工程有限公司创始人、创意总监
国际顶级家具专业买手

中国室内15年全国百名优秀室内建筑师
2010年获邀成为“新中源杯”亚洲室内设计竞赛中国区选拔赛评委

Arletta

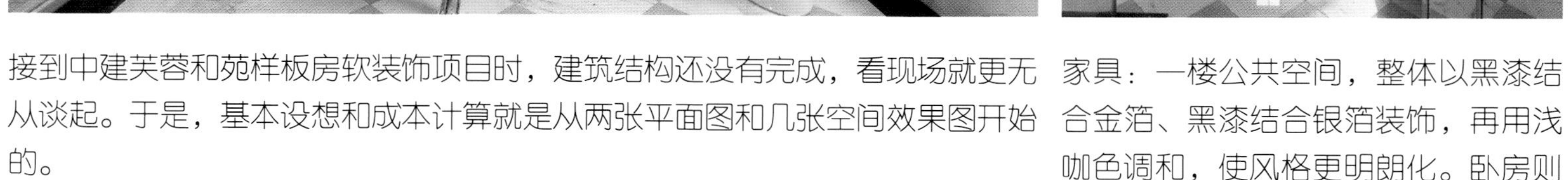

接到中建芙蓉和苑样板房软装饰项目时，建筑结构还没有完成，看现场就更无从谈起。于是，基本设想和成本计算就是从两张平面图和几张空间效果图开始的。

首先，先确定项目空间风格定位，以新古典主义为主线，加入后现代、Art Deco元素，时尚且奢华。

家具：一楼公共空间，整体以黑漆结合金箔、黑漆结合银箔装饰，再用浅咖色调和，使风格更明朗化。卧房则根据局部功能不同做细节区分，儿童房则与二楼主卧、书房及更衣室统一用白色亮光漆家具，配拉扣的白色家

具造型，时尚且和谐统一。

布艺：一楼及二楼公共空间以浅咖色绒布和黑色绒布为主，加入金色与黑色渐变的斑马纹、豹纹抱枕点缀，彰显空间华贵气质。

灯具：主要空间以水晶灯为主，搭配后现代感强的布罩壁灯及台灯。

饰品：整个空间多用银箔、金箔结合水晶、镜面等，使空间更加精致；花艺则以红色、橙色为主，传递向上的精神气息。

装饰画：以达芬奇线描为画面内容的系列单色素描画，配金色油画相框，质感对比加强视觉效果。

整个方案确定，建筑建好后，备货、交货过程中又经历了年终厂家调价和货源紧缺的突发状况，有努力，有彷徨，有焦虑，有辛酸。送货时遇到恶劣天气，风雪交加，但所幸的是，在公司员工的努力协作下，项目终于顺利完成。

天使之国——苏臻臻国际医疗整形美容机构

Design Company: Hunan Freesky Decoration Design and Engineering Co., Ltd.
Designer: Wang Hui,Huang Haihua
Project Area: 2000 m^2
Project Location: Changsha in Hunan Province
Major Materials: Soft Roll, Marble, Original Furniture, Mosaic Tile, Hand-painted wall

设计公司：湖南自在天装饰设计工程有限公司
设 计 师：汪晖、黄海华
项目面积： 2000 m^2
项目地点：湖南长沙
主要材料：软包、大理石、原创家具、陶瓷锦砖、手绘壁画

其实，是要给美一点信心
来自科技的信心
来自医护的信心
来自自我的信心

每个女人都有涅槃的机会
如果能穿越世俗的泥沼
到达这个纯白的天使之国
上帝说：让她更美
于是，她就更美了

会议室
360种美丽的方式只能选择一种
180种安全的方式必须选择一种
你的新生命
从这里启程
咨询室
把所有的疑问都留在这里
就不会带着遗憾离开

牙医办公室
原木的材质可以柔化人的表情
笑一笑吧
难道不是为了笑得更美才来的吗
化妆室
从此以后
你要习惯自己如此明媚的容颜

病房
不仅有居家的舒适便捷
关键是可以看得见体贴和宁静

前厅
女人最喜欢的感觉
是被温暖的爱环住
被玫瑰和赞美包围

电梯间
像被魔法镇住了一样
来到这里
体会高科技带来的每个细节关怀

朱宅

Design Company: Hunan Freesky Decoration Design and Engineering Co., Ltd.
Designer: Wang Hui
Project Location: Hunan

设计公司：湖南自在天装饰设计工程有限公司
设 计 师：汪晖
项目地点：湖南

客厅里，每一件家具的每一个细节都可以独立出来，这是一种高度的统一，而不是一种浮华的堆砌。这里也许没有媚眼如丝的美人儿那般的轻佻与艳丽，但光阴塑造了这里，年华是这里最珍贵闪耀的瑰宝。

装饰画为纯手工绘制图案，金色显得非常富贵、吉祥。非常精致的烤漆收纳柜上，贴金箔亮光效果突出，做工精良。每个抽屉里面都贴上了精美的绒布，而且每个抽屉上面的图案都有不同，很有特色。

自在天设计会所

Design Company: Hunan Freesky Decoration Design and Engineering Co., Ltd.
Designer: Wang Hui
Project Area: 1700 m^2
Project Location: Changsha in Hunan Province

设计公司：湖南自在天装饰设计工程有限公司
设 计 师：汪晖
项目面积：1700 m^2
项目地点：湖南长沙

CHIVAS
BREEZER

作为一家设计公司的办公室兼会所的设计项目，这里酒吧、健身房、视听房、茶室、台球室、麻将室、洗头房、化妆间等一应俱全。

设计师工作室各具气质和风格，手绘的顶棚墙画、原创家具、来自世界各地的艺术摆件在这里一一得以展示。

这里不仅只贩卖设计，更贩卖生活。秋日阳光斜晒的午后，您可以选择坐户外的露台上，面朝湘江喝一杯咖啡，打一杆斯诺克。思绪纷乱时，到茶室煮一壶清茶。

不想谈设计了，还可以在雪茄吧点上一支雪茄。灵感来了，再与设计师一起到酒吧台上端一杯红酒互相祝贺一下。此刻，视听室里缓缓地流淌出一曲《被遗忘的时光》。

合园会所

Design Company: Square Space Design
Designer: Cai Jinsheng
Project Area: 600 m^2
Project Location: Nanchang in Jiangxi Province
Photographer: Deng Jinquan

设计公司：方块空间设计
设 计 师：蔡进盛
项目面积：600 m^2
项目地点：江西南昌
摄　　影：邓金泉

蔡进盛

中国建筑学会室内设计分会会员 高级室内建筑师 证书编号：1115

创办方块空间设计

荣获《江西装潢》设计师俱乐部“十大高端设计师”、诺贝尔瓷砖“塞尚之星”设计大赛优秀奖、中国建筑装饰协会“样板房空间优秀奖”

MR.BIG

看惯尘世浮华，阅尽百态人生，恬淡心境自存于胸。日落西山，携友探寻离世之桃源，高谈阔论，掌思长谈。不经意间，邂逅进退自如的豪迈，于斯合宴，清炖了岁月，滋补了衷肠。前一席浩瀚，为“中心”；后一番赏悦，称“合园”。

本案位处聚合力直线上升的南昌朝阳中路，经贸、资源、文化……四通八达、左右逢源。项目以中国传统江南水乡的意境，表达朦胧细腻之纤美，尽情营造闹中取静的优雅空间。出则繁华、入则隐秘之离世“桃源”。

小河流水，石径纵伸，延伸处，中国传统“人”字顶建筑跃然眼底，“合园”于此与天地相连，与自然统一。青灰火烧石附着而成的外立面，流露出建筑阳刚而健美之气质，以其颇具质感的材质表现建筑外延的感观感受。户外的空间特意留予日光月色，一把遮阳伞，绽放闲暇休憩时的慵懒。周围竹影斑驳，曲径幽深处，一叶青竹，摇曳水光天色。夜幕降临，星点而明亮的朦胧灯光渲染着梦境般的幻境。

推开厚重的铜门，精雕细琢的雕花立柱，琳琅的青花瓷器，名贵的罗汉床、圈椅，高高的木顶，浓厚的极具中式文化内涵的门厅，迎接着每一位塔尖人士的到来。即便是转身处，仍然沁人心扉，木台古筝诉说清幽之境，纯铜荷叶在灯光下摇曳，以特有的高贵姿态独自芬芳。

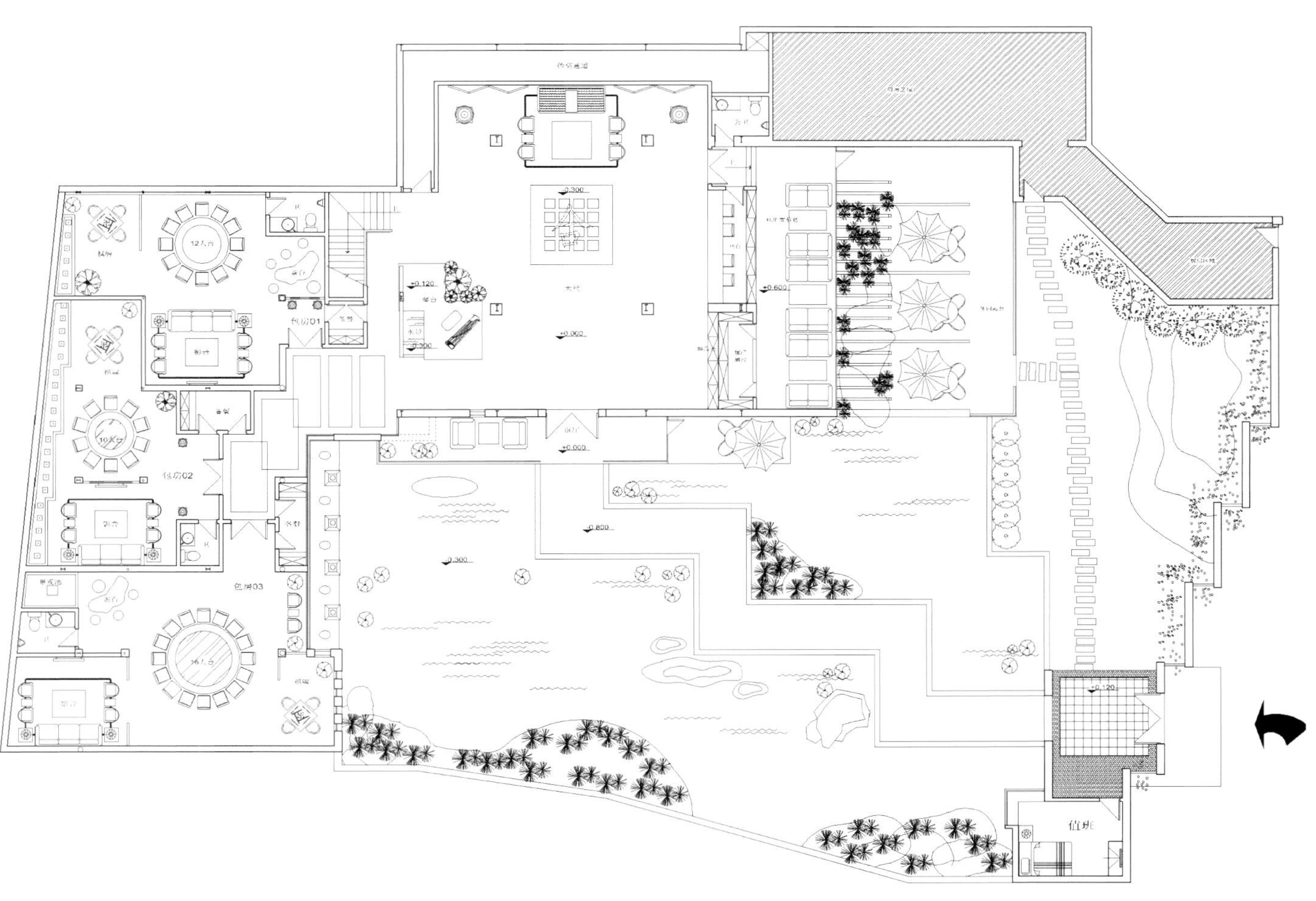
值班

一楼设立奢华欧式品酒室，红砖墙面，具有延伸感的照片墙，豪华酒柜等彰显出异域文化。张而不扬，含而不露。当午后的阳光慵懒地洒进窗内，轻轻举起高脚杯，杯盏间，谈笑风生见胸怀。

仅七席的豪华私密包厢中，以欧式混搭诠释典雅尊贵、奢华而沉稳的氛围。无显赫之势，却不经意间让人流连忘返。当一件事由复杂变为简单的时候，就是由需要变为享受的时候。

二楼合园传统的中式风格无疑将中国传统装饰艺术发挥到极致。雕花立柱、顶梁，极具质感的原木顶棚都在细节处彰显着传统贵族风范。书法区、品茶区、娱乐区的空间划分，将空间充分运用的同时，又将中国传统文化完美融入其中。墙面上的诗歌挥洒间抒发出诗人豪迈之情荡然于胸。十六席超大圆桌，团圆、和谐之气中蕴藏着富贵、典雅。当眼前的门窗桌椅、大小器皿以雍容的姿态呈现时，超越物境的美，刹那间幻化。正所谓“谈笑有鸿儒，往来无白丁”。

时光雕琢的世界，繁华在此复苏，流水琴韵，茶道雀影，在此凝聚成一种精神，融汇中式建筑肌理和文脉精魂，声光色影，让心灵在逐日喧嚣的城市中寻得一处安宁，惯看花月，胸怀滔滔。

梦里水乡别墅

Design Company: Square Space Design
Designer: Cai Jinsheng
Project Area: 320 m^2
Project Location: Nanchang in Jiangxi Province
Major Materials: Cultural Stone,Light Travertine,Manchurian Ash,Wallpaper,Rustic Tile,Solid Wood Floor
Photographer: Deng Jinquan

设计公司：方块空间设计
设 计 师：蔡进盛
项目面积：320 m^2
项目地点：江西南昌
主要材料：文化石、白洞石、水曲柳、壁纸、仿古砖、实木地板
摄　　影：邓金泉

生活是人生的片段，居所是都市的一隅。出则自然，入则繁华。此处高雅、沉稳、华贵，从不缺乏情调感和自在感，却又不单纯地迎合高端人士的生活方式和需求。

客厅的色调以红色、咖啡色为主。款式简单的木架皮布沙发简洁中透露厚重，随处摆放的绿植调节着沉稳的颜色和气氛，极具美感和略显现代气息的墙灯营造出一片温馨的氛围。文化石的背景墙，白洞石的立柱，加上拱门的运用，让空间充满了文化气息，传达出那份独有的美式审美趣味。

厨房与餐厅紧密相连。餐桌同样具备典型的美国风情。宽大厚重的实木桌椅，温馨朴实。卧室、酒窖中，随处可见随意的美式风格。楼梯过道间利用不同颜色的墙面，营造出了丰富的层次感。主卧室高雅华贵的装饰，木质框架的吊顶，素雅的壁纸，淡白的窗帘，让空间显得自然、开阔。

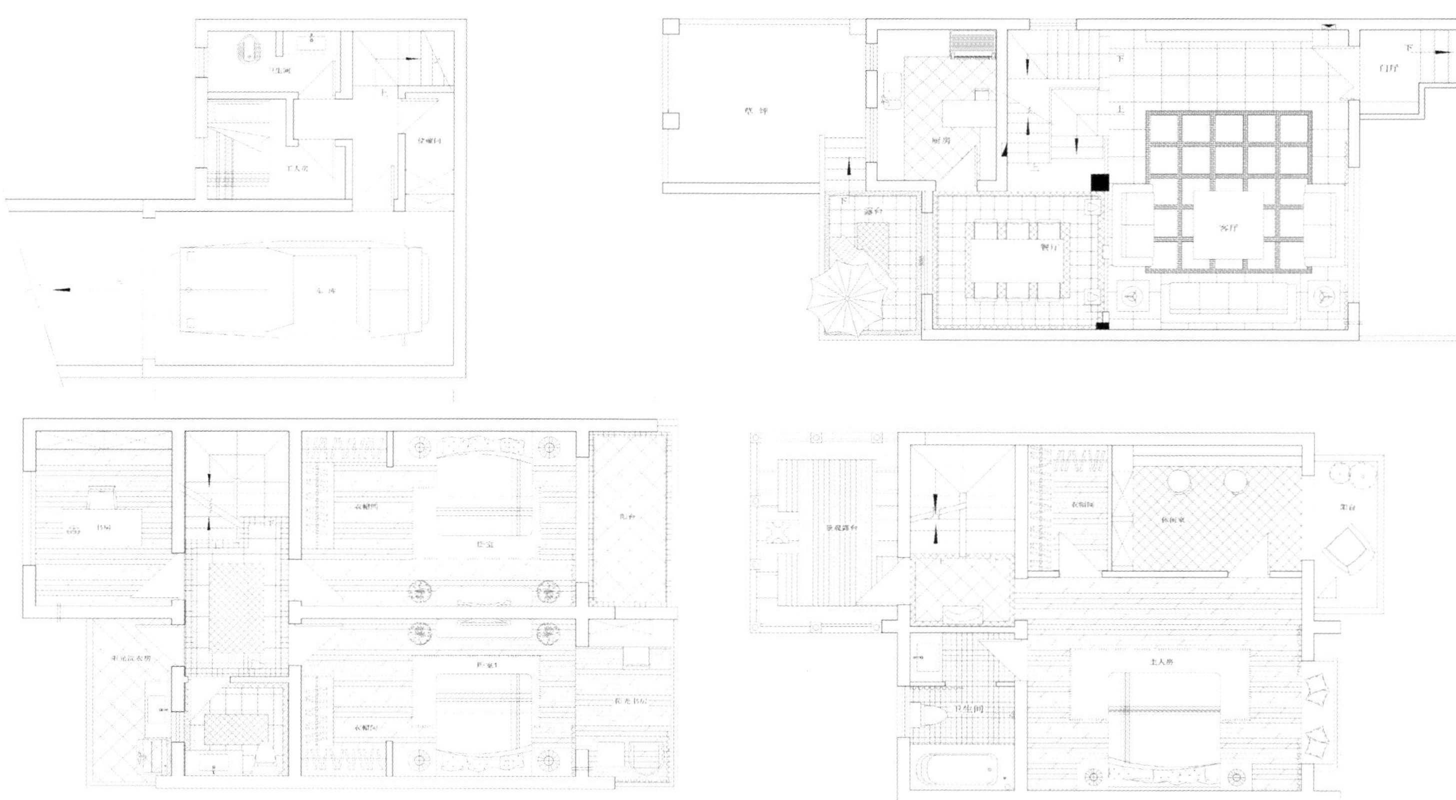

皇冠国际欧式田园

Design Company: Square Space Design
Designer: Cai Jinsheng
Project Area: 150 m^2
Project Location: Nanchang in Jiangxi Province
Photographer: Deng Jinquan

设计公司：方块空间设计
设 计 师：蔡进盛
项目面积：150m^2
项目地点：江西南昌
摄　　影：邓金泉

当我们遥想那已远去的简单而自然的生活时，其实只要一转头，依然能够把握最单纯的幸福和美好。本案设计师试图用欧式田园风格带你步入一片纯净、优雅的世界，用清晰自然的设计语言去诠释让时光都愿意停留的居家情调。

大厅的设计是对自然的诠释，让人有一种砰然的心动。在满足了大厅的功能需求的同时，室内布局采用开放式呈现方式，餐厅与客厅共处一室，分划两边，将休闲、会客、用餐融为一体。客厅中，粗犷的天然岩石地面中和了白色的空灵，更是与自然的最直接的接触。白、金、黑的三色搭配，在视觉上给人一种跳跃感；碎花壁纸、条纹沙发让整个空间田园风十足；而简化的卷弧线及精美的纹饰又让田园生活变得优雅、别致。

整套设计既是对自然的挽留，也是对小资情调生活的完美演绎。此时此刻，你或许已然忘却纷纷扰扰的世间事，而只是畅快地呼吸着大自然所给予的青草香味。

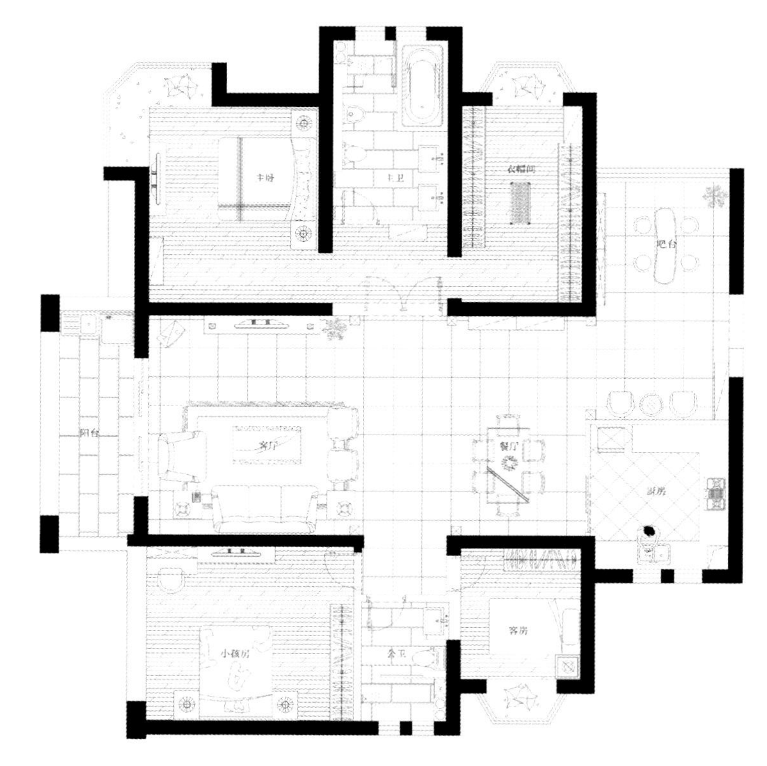

陈继耀

中国建筑学会室内设计分会会员 高级室内建筑师

创办滨丽空间设计机构 设计总监

2007年获“南昌十佳室内设计师”

2009年获“南昌十大高端室内设计师”和“南昌室内设计十大新锐人物”

兰公馆售楼处

Design Company: Binli Space Design
Designer: Chen Jiyao
Project Area: 500 m^2
Project Location: Nanchang in Jiangxi Province
Photographer: Deng Jinquan

设计公司：滨丽空间设计机构
设 计 师：陈继耀
项目面积：500 m^2
项目地点：江西南昌
摄　　影：邓金泉

本案散发着浓重的新古典主义风格，设计师在极强的设计感和奢华感中提炼出新的东方文化，不同材质色彩的深刻把握，以及设计师对古典风格的独特见解，使得设计的语言充满着时尚的气息，将优雅奢华的气质感不张扬地一一呈现。

奢华大气的空间安静地呈现在人们眼前，隐藏着一份低调与含蓄之美，没有过多花哨的色彩，优雅奢华而不张扬，明亮的大理石地板在微醺的灯光下散发着迷人的魅力，整个空间恬静优雅。

一盏盏华丽的水晶灯映射着人们的眼帘，勾起丝丝美好的回忆，造型精美的摆设充盈着整个空间，无不体现着设计师对每个细节的完美把控，一眼望去整个空间的色调仿佛就是经典的黑与白，和谐之中散发着高贵之感，舒服的座椅让大家身体上得到很好地放松，进而心情也变得轻松。幽静的环境，让人们放松心情沉浸在美妙的楼盘中。

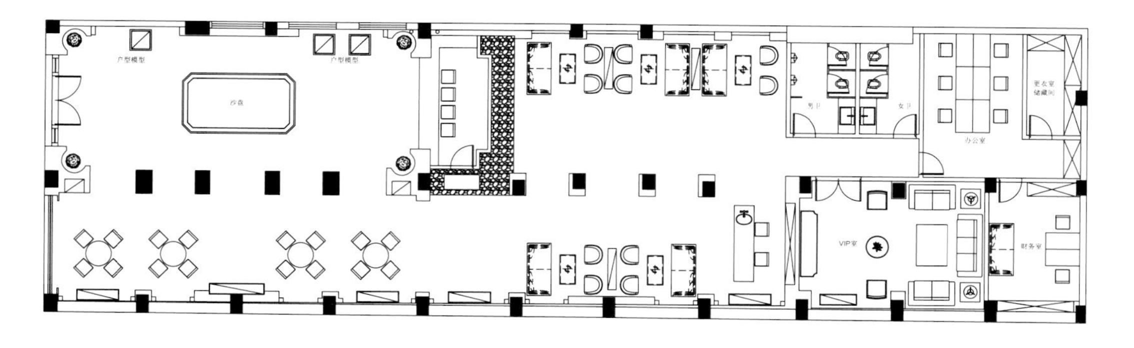
户型模型
户型模型
沙盘
男卫
女卫
更衣室
储藏间
办公室
VIP室
财务室

于都·维也纳咖啡厅

Design Company: Ganzhou Jumei Environmental Art Co., Ltd.
Designer: Chen Qingfeng
Project Location: Ganzhou in Jiangxi Province
Photographer: Deng Jinquan

设计公司：赣州聚美环境艺术有限公司
设 计 师：陈庆丰
项目地点：江西于都
摄　　影：邓金泉

陈庆丰

中国建筑学会室内设计分会会员　高级室内建筑师　证书编号：0675

毕业于广州美术学院美术专业
现任赣州聚美环境艺术有限公司艺术总监

江南·绿地山庄杯别墅设计大赛：最佳别墅装修设计奖、优秀奖
金鹏·雅典园杯户型设计大赛铜奖
九州·国际杯户型设计大赛一等奖、二等奖
赣州市设计大赛最佳设计师奖、方案一等奖
全国住宅装饰示范工程奖
全国优秀设计

整个维也纳咖啡厅以简欧、现代、时尚、怀旧为设计理念，充分运用简洁、明快的色彩，灯光的变化也恰到好处，使人们进入咖啡厅后，有一种清新、舒适、休闲的感觉。

咖啡厅本来就是一个有一定内涵、修养、身份的商务人士洽谈的场所，因此，设计师在设计过程中，充分考虑到灯光的使用、材料和艺术品的选择，另外从雕塑的摆放、墙画的设置等都可以体现出设计师的用心良苦。

首先从门面招牌定位，采用简欧的设计手法，同时融入欧洲人体雕塑吸引人们的视线，收到了非常好的视觉效果，人们从门口进入大堂的瞬间感受到一种唯美与时尚。

二楼是整个咖啡厅设计的重点：首先进入人们视线就是吧台、酒柜及顶棚配套灯具，都带给人一种视觉享受；接着

VIENNA COFFEE
VIENNA COFFEE
VIENNA COFFEE

VIENNA COFFEE
VIENNA COFFEE
VIENNA COFFEE

更具视觉冲击效果的就是位于吧台侧面一幅大型黑白墙画，它能够带给身处于都市的人们一种怀旧的味道；随着灯光的转移，进入我们视野的是高傲地抬着头的“黑美人”——钢化玻璃地台上放置的一台高级钢琴，“她”在顶棚灯光和玻璃地台灯光映照中，散发出一种典雅的韵味；再往前走，展示在人们眼前的又一亮点是带有一种中式韵味的小桥流水，人体雕塑和绿植的摆放都恰到好处。咖啡厅隔断上用现代技术制作出欧式花纹图案，让人走到通道隔断处就能闻到咖啡散发出来淡淡的香味。包厢是人们洽谈、心灵沟通的私人空间，包厢的墙面镶嵌钢化玻璃，将大厅的效果融入包厢内，给人一种心旷神怡的感觉。在装饰方面，使用各种材料：软包、壁纸、镜子……设计给人感觉刚中有柔、静中有动，不愧为休闲娱乐的好地方。

本案设计师在室内设计中运用了“混搭”设计手法，可以看出设计师具有相当的设计能力、经验与品位。

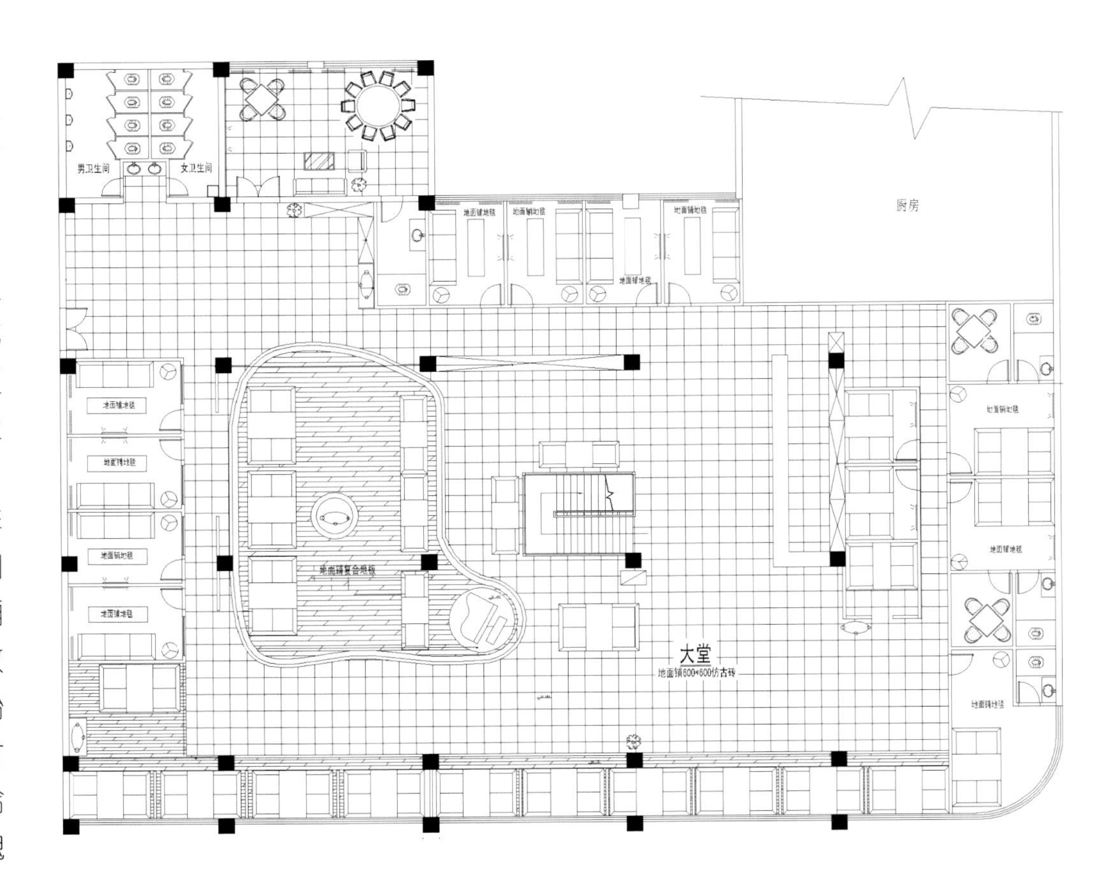

水岸新天复式楼

Design Company: Ganzhou Jumei Environmental Art Co., Ltd.
Designer: Chen Qingfeng
Project Location: Ganzhou in Jiangxi Province
Photographer: Deng Jinquan

设计公司：赣州聚美环境艺术有限公司
设 计 师：陈庆丰
项目地点：江西赣州
摄　　影：邓金泉

业主温女士及她的先生都是青年企业家，自身有着极高的文化修养与内涵，对生活追求完美，加上事业上的成功，家中经常会有客人拜访，宾客大都有一定的社会地位，非富即贵，品位也极高。同时，家中也是家人团聚、娱乐休闲、享受温馨、传递亲情的最佳地方，客厅作为接待和生活的中心，客厅装饰设计的重要性就显而易见。

设计师在充分考虑业主要求的同时也考虑了近几年来年轻人容易接受和追求的家居设计，设计风格最终定位为简欧风格。客厅电视背景墙使用壁纸、镜子、欧式雕花板、砂岩、欧式线条造型，在效果上将空间的大气、华贵表现得淋漓尽致、无懈可击。入口门厅的艺术玻璃屏风，过道与客厅、餐厅相互呼应，给人一种视觉上的享受。在灯光、灯饰、沙发、植物及水晶装饰的配置上，色彩的搭配让人耳目一新，同时也不失高贵、大方的品位。

餐厅酒柜也体现出业主对美好生活的向往、追求及与众不同的生活情调，已经从简单生活发展到品质生活的人生的更高层面。

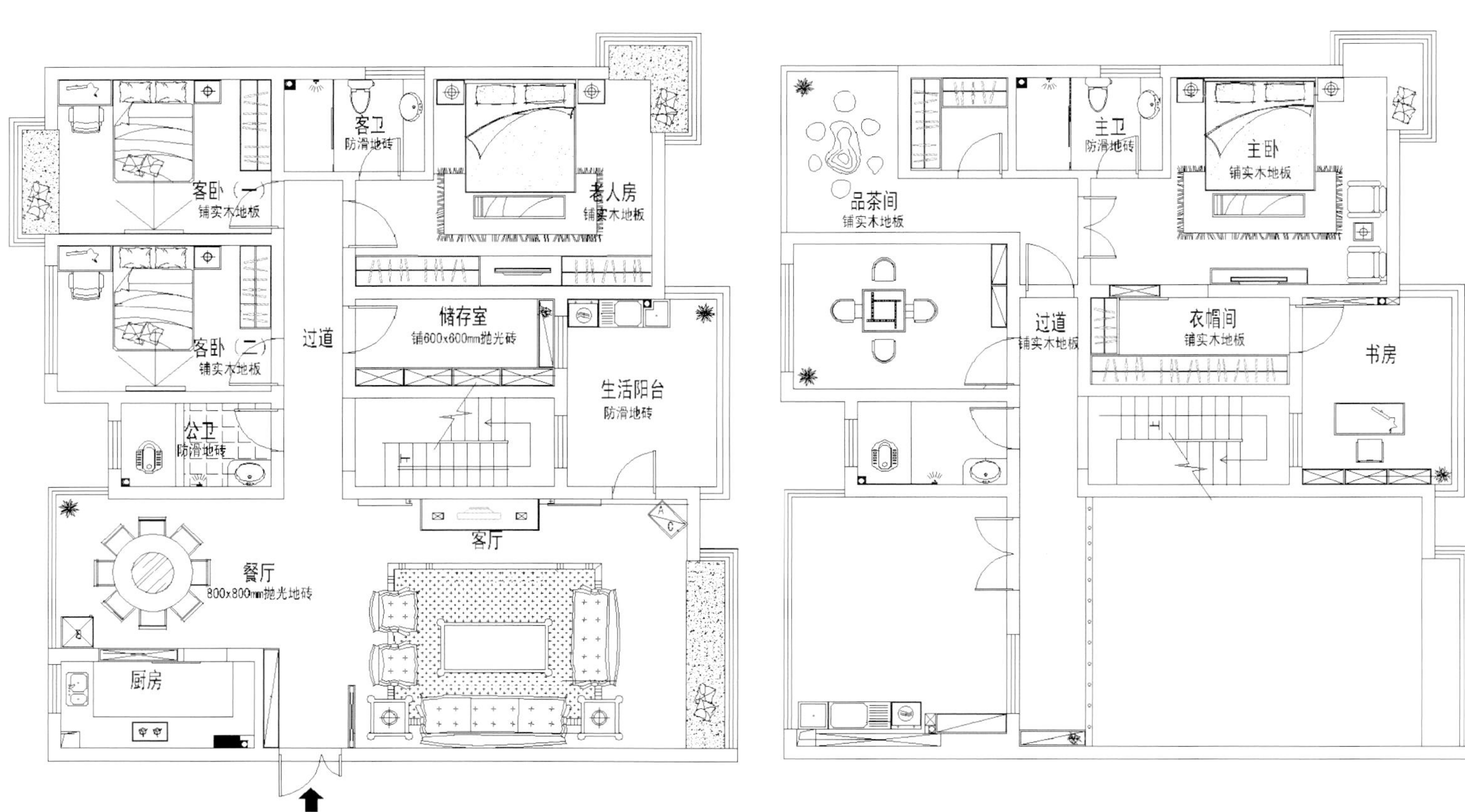
客卫
防滑地砖
客卧（一）
铺实木地板
老人房
铺实木地板
客卧（二）
铺实木地板
过道
储存室
铺600x600mm抛光砖
生活阳台
防滑地砖
公卫
防滑地砖
客厅
餐厅
800x800mm抛光地砖
厨房
主卫
防滑地砖
主卧
铺实木地板
品茶间
铺实木地板
过道
铺实木地板
衣帽间
铺实木地板
书房

永生璞琚概念酒店

陈志山

中国建筑学会室内设计分会 高级室内建筑师 证书编号：1645
CIID 27（江西）专业委员会 委员

毕业于江西师大环境艺术学院获室内设计学士、教育心理学硕士

现任陈氏山水设计机构设计总监

2006“金护照”奖中国室内设计大赛金奖
2007“威能杯”中国住宅室内设计大赛金奖
2007、2008两度南昌十大高端设计师
2008“金指环”全球室内设计大奖赛优秀奖
2011年“金堂奖”酒店空间类优秀作品奖

Design Company: Chen's Landscape Design Agency
Designer: Chen Zhishan
Project Location: Nanchang in Jiangxi Province
Major Materials: Manchurian Ash, Grey Wood Grain Marble, Ancient Wood Grain Marble
Photographer: Deng Jinquan

设计公司：陈氏山水设计机构
设 计 师：陈志山
项目地点：江西南昌
主要材料：水曲柳索黑色、灰木纹大理石、古木纹大理石
摄　　影：邓金泉

LOFTY

永生璞琚概念酒店不以金碧辉煌的装修作为自己的特点，而是细心考虑到业主的基本需求，“低调的奢华”便是对整体风格及氛围的最好诠释。

本案空间设计的构思和原则来源于建筑本身，整体感觉简洁、通透。通过对局部功能的合理配置，加上灯光与色调的运用，提升了餐厅整体的档次和格调。餐厅把功能和形式紧密结合在一起，在整个平面布局上充分满足各个座位区的需求。

酒店的大堂是酒店对外传递信息和树立形象的重要部分。在大堂的设计中，各种材质之间完美配合，明朗中透露着华贵之感。大厅中间的水晶吊饰，在灯光的照射下，像一串串的珍珠在闪耀，体现出了灵动与贵气。

客房的设计是以客户为出发点，房内柔和的灯光营造出闲适慵懒的氛围，在地毯的陪衬下，静谧中流淌着华丽与舒适，让客户一走进房间便可感受到如家一般的温馨。

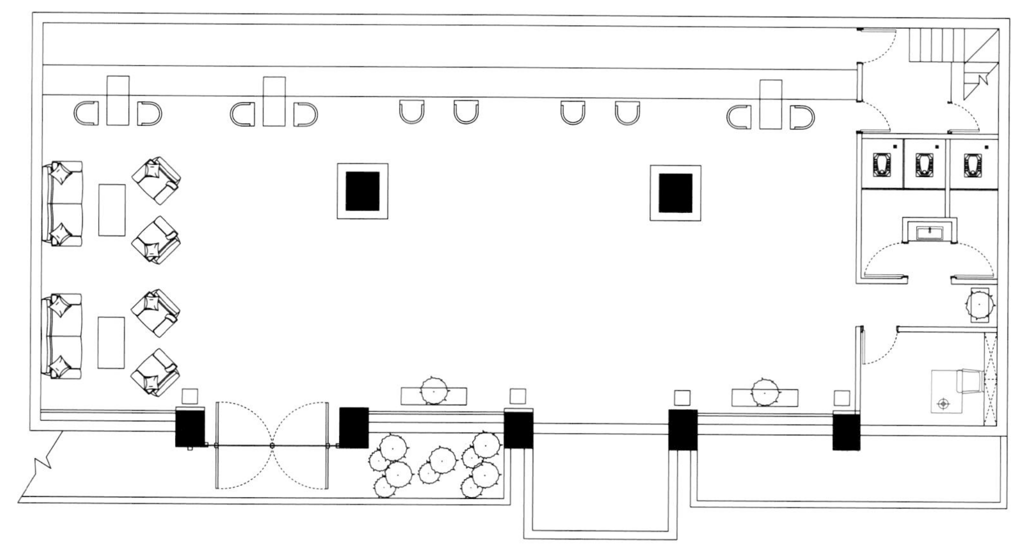

杭州千岛湖喜来登酒店鱼味轩中餐厅

Design Company: Hangzhou Landscape Architectural Design Co., Ltd.
Designer: Deng Jian
Project Area: 1500 m^2
Project Location: Hangzhou in Zhejiang Province

设计公司：杭州山水建筑装饰设计有限公司
设 计 师：邓键
项目面积：1500m^2
项目地点：浙江杭州

邓键

中国书画研究院美术师 高级室内建筑师

毕业于江西师范大学艺术系

现任杭州中国美院建筑装饰设计院室内研究所所长

杭州千岛湖喜来登中餐厅是由杭州绿城集团投资建设、喜达屋酒店管理集团运营的一家五星级度假酒店。根据投资方杭州绿城集团千岛湖项目部的委托，我们团队独立设计了其中的一个餐厅——鱼味轩，与其他度假酒店不同的是，要求此中餐厅能够体现江南民间风土人情，将传统文化融入到高档酒店的氛围当中，同时兼具商业餐饮的运营模式。经过多次的草案沟通，终于获得了投资方与喜达屋酒店管理集团的认可，顺利完成了餐厅的项目。

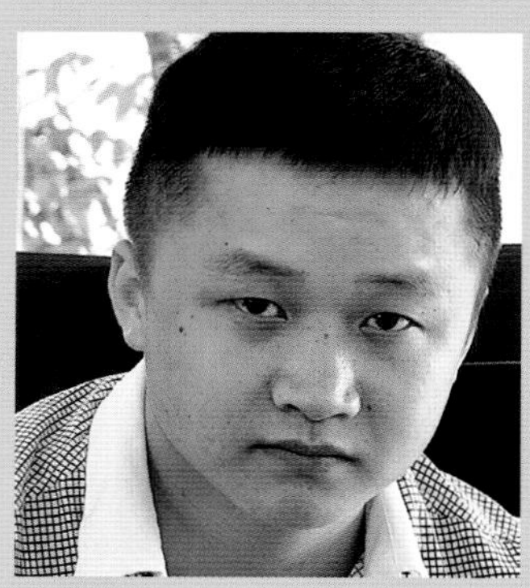

俏昌南

Design Company: Jing Dezhen Eastern Interior Decoration Design Co., Ltd.
Designer: Gao Bo,Zhou Wei
Project Area: 370 m^2
Project Location: Jing Dezhen in Jiangxi Province
Major Materials: Marble, Wood Grain Brick,Wallpaper, Solid Wood Carving

设计公司：景德镇市东航室内装饰设计有限公司
设 计 师：高波、邹巍
项目面积：370m^2
项目地点：江西景德镇
主要材料：爵士白大理石、木纹砖、壁纸、实木雕刻

高波　邹巍

中国建筑学会室内设计分会会员
中国建筑学会室内设计分会27（江西）专业委员会委员　室内建筑师　证书编号：1400

创办景德镇市东航室内装饰设计有限公司

本餐厅地理位置处于陶瓷文化底蕴深厚的江西景德镇市。餐厅以浅色主导整个空间的基调。业主希望表现出些许的当代陶瓷文化的味道在里面，在该案的设计中，设计师力求实现一种时尚并有浓厚人文情调的空间氛围，这个作品当中运用了以白色基调为主的陶瓷文化元素，并通过现代表现手法进行了混搭融合。

一进入餐厅，大理石中式符号灰木纹地砖拼花、写意水墨山水图案隔断、白色中式图案、现代的中式家具等配合西方的线条和吊灯，一种当代东方的时尚风迎面拂来，浅色一直贯穿于整个就餐空间。

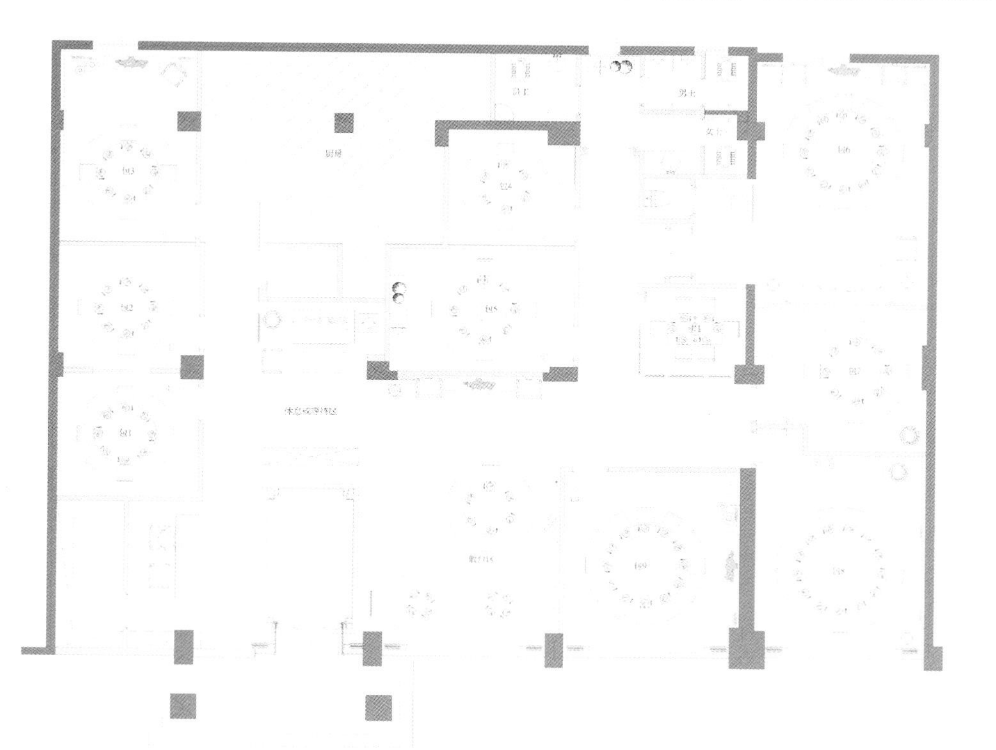

在浅色的空间背景之下，红、蓝、黄等色彩点缀其中，像故事般尽情地演绎着。在餐厅的细节处理上，设计师加入了很多微妙的陶瓷素材，如陶瓷的拉手、陶瓷的壁画、陶瓷的摆设品等，都为能够更好地展现极具地域味道的餐厅所应有的气场。

该案融入了不同的文化内涵，将浪漫、怀旧、特色自然融为一体。风格独到、格调高雅，浅色的基调又赋予了餐厅空间新鲜的视觉感受，更加映衬出中国古典文化与现代审美的完美融合！

东航装饰《万维空间》工作室

Design Company: Jing Dezhen Eastern Interior Decoration Design Co., Ltd.
Designer: Gao Bo,Zhou Wei
Project Area: 120 m^2
Project Location: Jing Dezhen in Jiangxi Province

设计公司：景德镇市东航室内装饰设计有限公司
设 计 师：高波、邹巍
项目面积：120 m^2
项目地点：江西景德镇

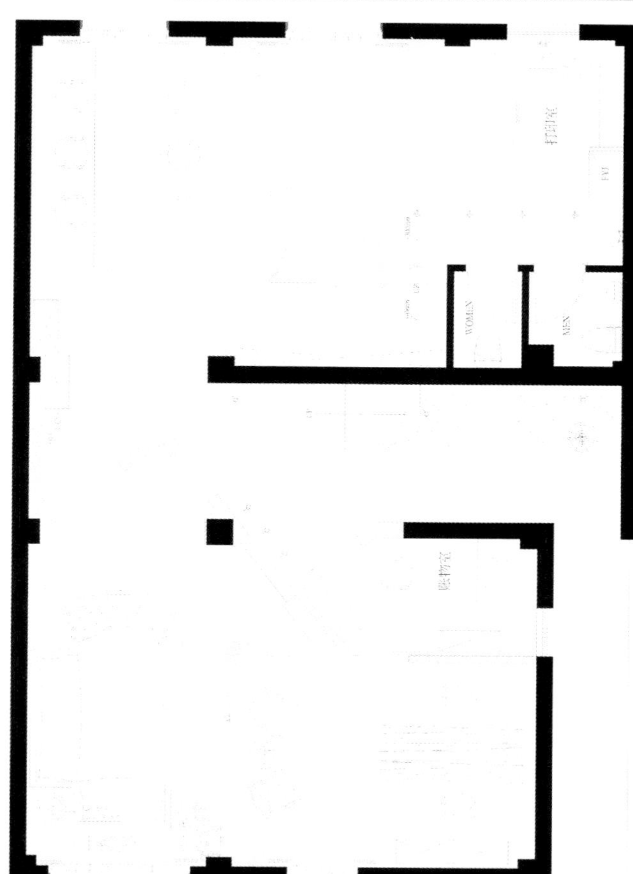

本案地处城市中心的闹市区，所以需要让空间能够“静”下来。通过一道楼梯进来，看到的是工作室的两扇大门，一扇是设计师的工作通道，一扇是设计总监办公区和业主洽谈区通道。为的是让工作与恰谈彼此不受干扰，工作室内部没有做固定的隔断装置，尽可能做到“无阻隔”，开放式的办公环境更有利于活跃思维与交流沟通。同时，在选材上设计师尊重环保、尊重材质的本色和时间留下的痕迹，如使用了老房拆下的旧木板，作为墙体的视觉表达，吊顶裸露原顶、水泥地坪漆、旧木板书柜等。不刻意做旧，也无须翻新或更换材料。于是，整个空间以最质朴的方式呈现，摈弃过多的人工痕迹，还空间以朴实面目，这正是设计师对于可持续舒适空间的理解和诠释。

设计师一直相信，真正的绿色环保，不止于满足感官体验，更重要的是一种饱有一种环保绿色的生活态度，它能引导在这个办公空间里活动的人们，向着更为可持续的生活方式发展，并同时影响着他们所服务的人群。

麦田造型

Design Company: Jing Dezhen Eastern Interior Decoration Design Co., Ltd.
Designer: Gao Bo,Zhou Wei
Project Area: 200 m^2
Project Location: Jing Dezhen in Jiangxi Province

设计公司：景德镇市东航室内装饰设计有限公司
设 计 师：高波、邹巍
项目面积：200 m^2
项目地点：江西景德镇

MoltoBene
GOLDWELL
CROP MODELLING

Space Event Decennium Design in Jiangxi

STASE
PARIS

Schwarzkopf

胡小芳

中国建筑学会室内设计分会会员 高级室内建筑师 证书编号：1283

现任江西赣州市品创装饰设计工程有限公司总经理 设计总监

水岸新天C5栋某住宅

Design Company: Ganzhou City of Jiangxi Province Pinchuang Decoration Design engineering Co., Ltd.
Designer: Hu Xiaofang
Project Area: 167 m^2
Project Location: Ganzhou in Jiangxi Province
Photographer: Deng Jinquan

设计公司：江西赣州市品创装饰设计工程有限公司
设 计 师：胡小芳
项目面积：167m^2
项目地点：江西赣州
摄　　影：邓金泉

原建筑是结构较好的跃式户型。业主是一对年轻的新婚夫妇，男主人时尚帅气，女主人美丽大方。根据业主的情况，在设计过程中寻求简约、时尚的设计理念，营造出一个温馨、雅致的居住环境。

装饰材料以石材、雕花板、石膏线条及壁纸为主。装饰柜兼扶手上面摆放盆花，在充分装饰餐厅与客厅隔断功能的同时，又巧妙地利用了柜子的存储空间。鞋柜与开放式厨房的结合使整个空间的区域分隔明确而又统一。家具的陈设与搭配使整个空间尽显时尚和优雅。

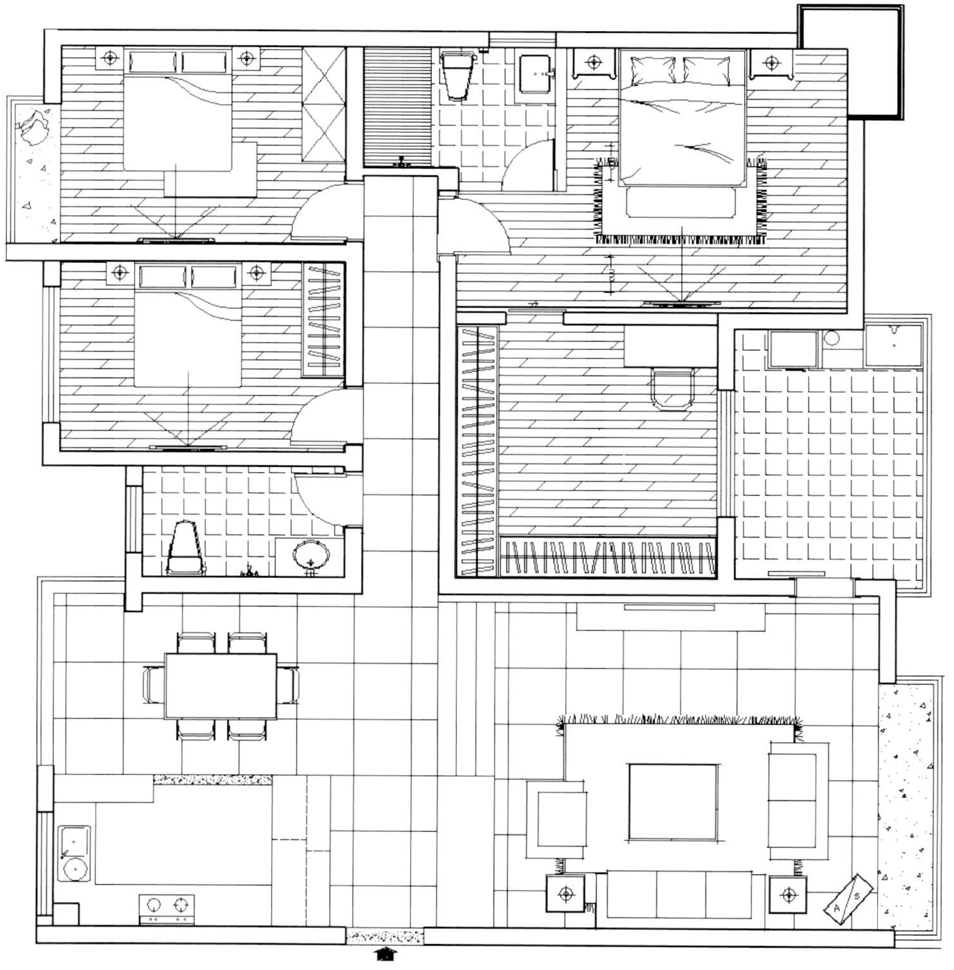

嘉豪国际会所洗浴中心

Designer: Hu Xiaotian
Project Area: 1200 m²
Project Location: Nanchang in Jiangxi Province
Major Materials: Stone,Northeast China Ash Wood, Mahogany,Linen
Photographer: Deng Jinquan

设 计 师：胡笑天
项目面积：1200 m²
项目地点：江西南昌
主要材料：石材、水曲柳木、红木、亚麻布
摄　　影：邓金泉

胡笑天

中国建筑学会室内设计分会高级室内建筑师 证书编号：0682

1968年出生，干了20多年设计，也就是一位东奔西走、混口饭吃的脑力型民工，满脑子使命，想法不多，争议不少，褒贬不一，总之上不了庙堂，也没走出厅堂。

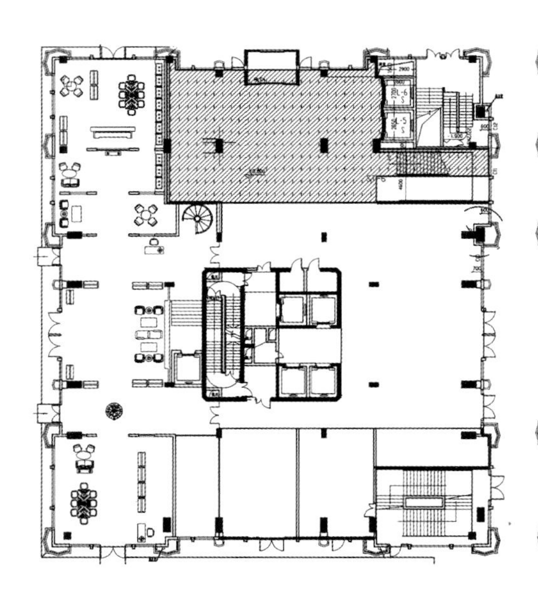

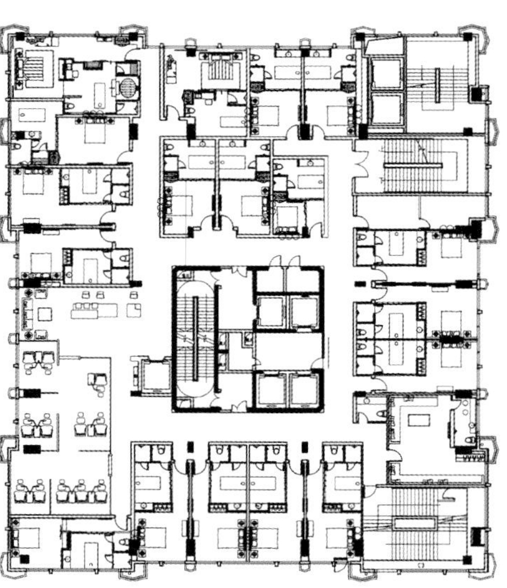

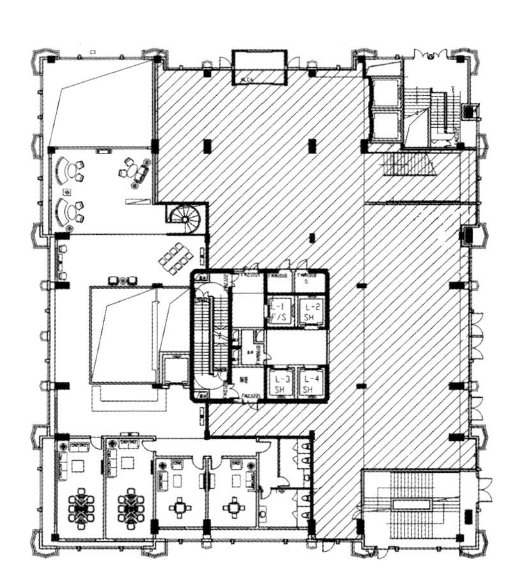

本案位于南昌大桥桥头美丽的赣江边，在皇冠国际楼盘的一楼，是成功人士品茶、休闲和交流艺术品、字画的舒适会所。

将古典的陈设配饰置于现代的空间中，是这个空间表现的特点，装饰和工艺只是为了完善建筑本身，艺术品和字画更让空间显得诗意盎然。

大厅的圆形元素、陈设造型的圆润与平直的线条形成方圆的对比，阐释着品茶和做人的哲学。

金橡·哈布拉红酒会所

Design Company: Ganzhou Blue Coordinates Decoration Engineering Design Co., Ltd.
Designer: Huang Zijian
Project Area: 360 m^2
Project Location: Ganzhou in Jiangxi Province
Major Materials: Rustic Tile, Wood Veneer, Wallpaper, Mirror Mosaic Tile
Photographer: Wang Pengqiu

设计公司：赣州蓝坐标装饰工程设计有限公司
设 计 师：黄子鉴
项目面积：360 m^2
项目地点：江西赣州
主要材料：仿古砖、斑马木饰面板、壁纸、镜面陶瓷锦砖
摄　　影：王鹏球

黄子鉴

中国建筑学会室内设计分会会员　室内建筑师　证书编号：1284　中国建筑学会室内设计分会江西专业委员会赣州地区委员

现任赣州蓝坐标装饰工程设计有限公司董事长、设计总监

2008年获“优秀设计师”荣誉称号
2007年获江西省“东方花城杯”室内设计大奖赛佳作奖”

CELLAR
KING OAK CELLAR

金橡•哈布拉红酒会所是一个集展示、窖藏、品尝于一体的高品质红酒会所。古典、时尚、华贵是本案的设计重点，设计师选用了红砖、仿古砖作为墙、地面主要的装饰材料，中间穿插了镜面陶瓷锦砖拼花，营造了雅致、低调的空间。

设计师克服了室内建筑柱子分布不均的视觉障碍，巧妙地运用柱子分割出不同的功能区。利用原大厅建筑层高设计出拱形顶棚，营造出强烈的空间效果。奢华的灯具和美式餐桌椅的组合，彰显出红酒会所的高品位与独特的文化内涵。

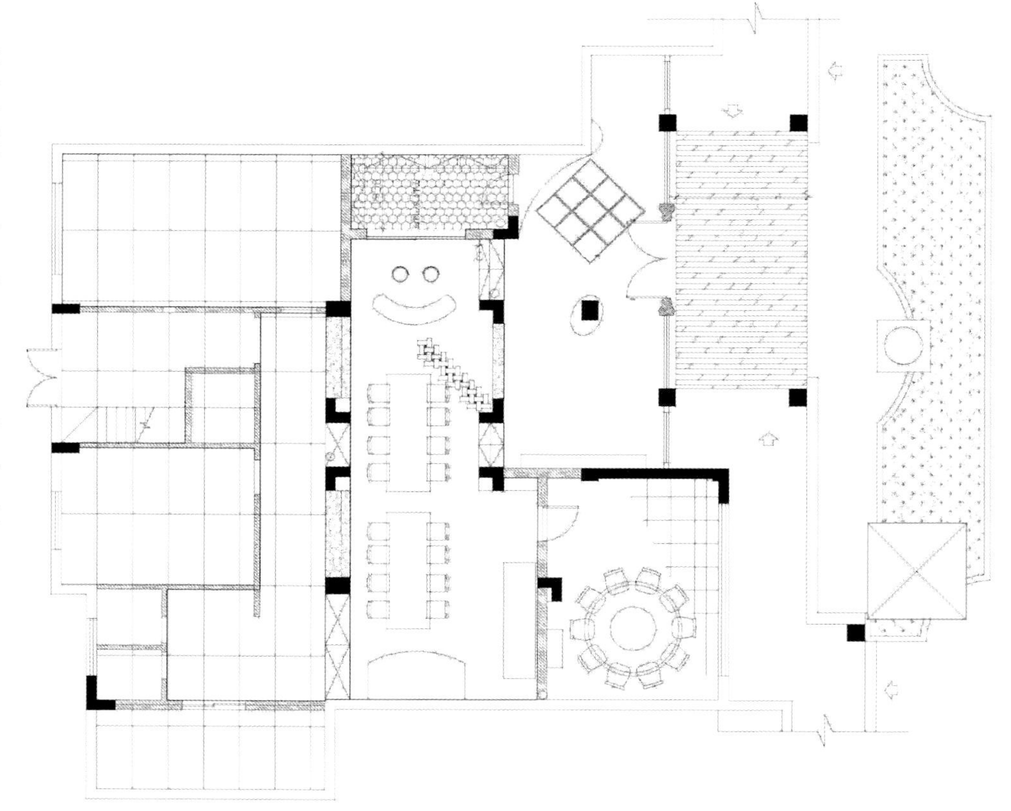

KING OAK CELLAR

KING OAK CELLAR

LES CRUS CLASSES DE MARGAUX

兴国宾馆

Design Company: Ganzhou Athens Decoration Engineering Co., Ltd.
Designer: Jin Xiaorun
Associate Designers: Jin Xiaolong,Zeng Ruiyun,Lin Maoqing
Project Area: 2400 m^2
Project Location: Xingguo in Jiangxi Province
Photographer: Deng Jinquan

设计公司：赣州雅典装饰工程有限公司
设 计 师：金晓润
参与设计：金晓龙、曾瑞云、林茂清
项目面积：2400m^2
项目地点：江西兴国
摄　　影：邓金泉

金晓润

中国建筑学会室内设计分会会员　高级室内建筑师　证书编号：0772　中国建筑学会室内设计第27（江西）专业委员会委员　国家一级建造师

赣州市虔宁商会副会长
毕业于赣南师范学院美术系
清华大学建筑学院建筑与设计创作高级研修班结业
现任赣州雅典装饰工程有限公司总经理、设计总监

宁都宾馆室内外装饰工程获江西省省优工程奖
大余章源宾馆室内外装饰工程获江西省省优工程奖
赣州市博物馆装饰工程获国家优良工程奖
获“中国室内设计二十年优秀设计师”荣誉称号

兴国宾馆内该项目面积约2400m^2，本次装修设计工程是对室内进行装饰装修、艺术装饰及完善功能，并对该楼的给排水（冷、热水）、中央空调，强弱电、消防系统，综合布线（闭路电视线、计算机网络线、程控电话线、楼宇监控）等系统进行设计，以最大限度地发挥该楼作为政府接待宾馆的功能。

总体构思

室内设计与整体接待中心外立面的稳重中透出灵气的设计手法呼应，整体大气，时代感与本地浓厚的客家文化融合，在人性化空间中突出设计的灵性亮点，给予入住宾馆有独特的地方文化性，所选设计风格元素均反映时代的发展与要求，通过抽象与提炼当地客家文化与中式风格的独特符号，在室内空间中加以精华展现，从而焕发新的光彩。

整体构思的“意在笔先”是我们首先强调的，我们认为一个精彩的空间如果没有主题，离开了其内部实质性的内涵，就像失去了空间的灵魂而只剩下虚有其表的躯壳，空间生命力的注入，才体现出无价的品味与格调。

设计原则

1. 兴国宾馆餐饮中心根据现场情况的不同，合理用材，材质环保，针对不同的使用功能进行室内装饰设计与合理布置。
2. 资源综合利用，节约资源，符合环保要求。
3. 遵守国家强制性技术标准、规范。
4. 重视技术与经济结合的原则。
5. 注意美观、适用、协调的原则。
6. 既满足功能需要，也需满足人们精神享受的需要；既要适用功能和美感作用的统一，又是科学技术和艺术技巧的统一。

空间意象

酒店经营成功要素是，一靠服务出品，二靠品牌效应，三靠文化格调。

我们着重于客家文化中式风格氛围的创造，以有“生命力”的空间与客人进行沟通交流，在不经意中到达心灵深处的能力。手法上以传统窗花为象征，设计理念贯彻于整个设计创作。

魅力音乐

黄金机场候机楼

Design Company: Ganzhou Athens Decoration Engineering Co., Ltd.
Designer: Jin Xiaorun
Associate Designers: Jin Xiaolong,Zeng Ruiyun,Lin Maoqing
Project Area: 7000 m^2
Project Location: Ganzhou in Jiangxi Province
Photographer: Deng Jinquan

设计公司：赣州雅典装饰工程有限公司
设 计 师：金晓润
参与设计：金晓龙、曾瑞云、林茂清
项目面积：7000m^2
项目地点：江西赣州
摄　　影：邓金泉

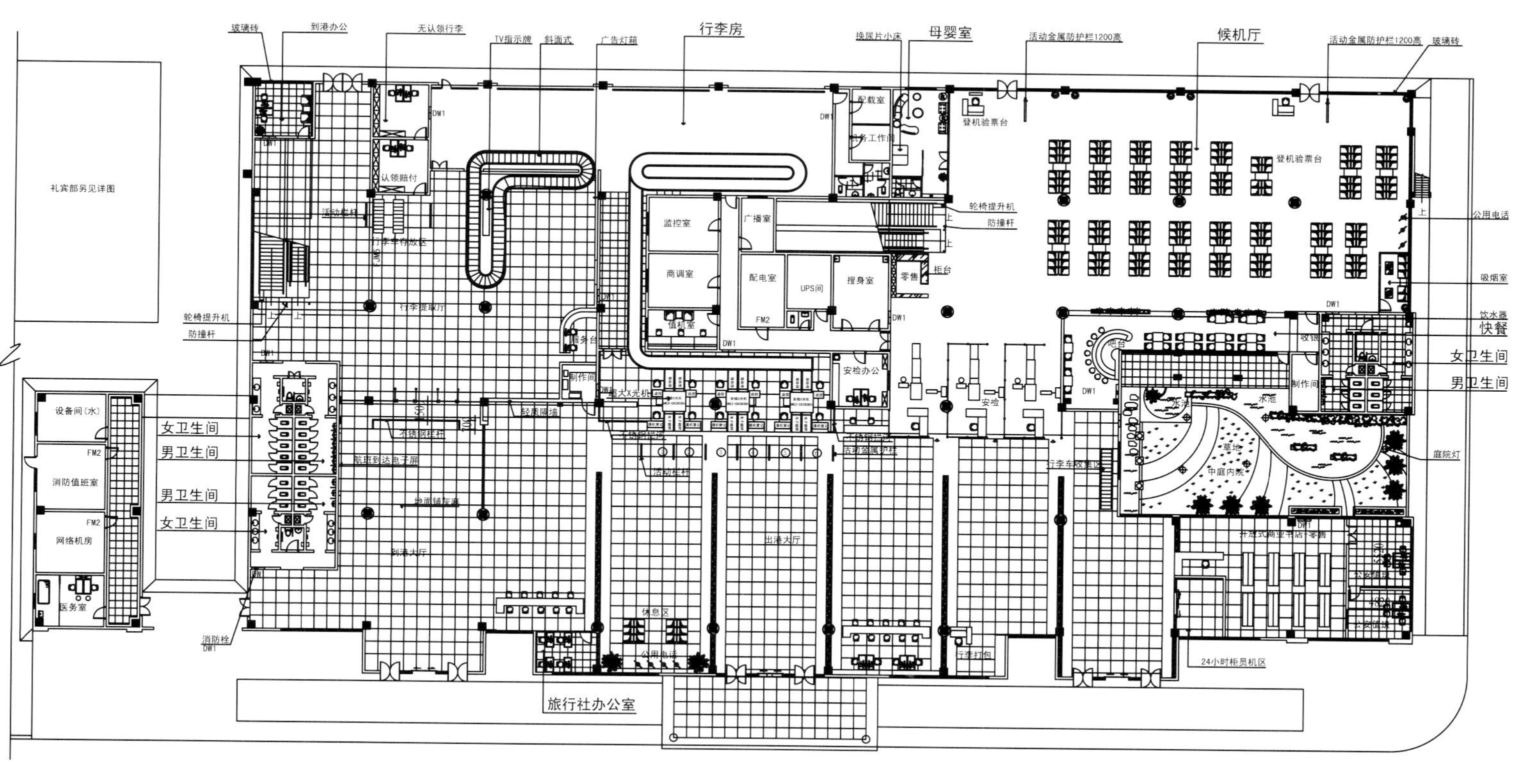

玻璃砖
到港办公
无认领行李
TV指示牌
斜面式
广告灯箱
行李房
换尿片小床
母婴室
活动金属防护栏1200高
候机厅
活动金属防护栏1200高
玻璃砖
礼宾部另见详图
认领赔付
登机验票台
轮椅提升机
防撞杆
公用电话
监控室
广播室
商调室
配电室
UPS间
搜身室
零售
柜台
吸烟室
轮椅提升机
防撞杆
饮水器
快餐
女卫生间
男卫生间
设备间（水）
女卫生间
男卫生间
消防值班室
男卫生间
女卫生间
安检办公
安检
庭院灯
网络机房
医务室
消防栓
中庭内院
到港大厅
出港大厅
行李打包
24小时柜员机区
旅行社办公室

电梯
航线顺利开通，感谢您的

电梯
通，感谢您的支持！

中国农业银行

本案从原建筑空间结构出发，追求建筑的实用性，空间的方向性，建筑文化性及绿色环保生态节能性，同时亦细心考虑了人性化及无障碍设计等功能，使整个大厅呈现出新颖现代，简洁明快，通透大气的空间效果。

航站楼一层面积较大，因此进出港的安检及检票、办理票务、咨询和休闲娱乐场所等人流集中的空间都尽量安排在一层大厅，同时考虑到人流的集中势必会造成空间的拥挤和狭窄，所以在一层大厅的中庭空间，我们将其设计为一个园林小景的展示空间，让空间充满生命的活力，缓解因人流过多给人带来空间的窒息感。二楼为单一的候机区，同时开设了一些免税商店，为出行旅客提供了便利。

大厅在平面的布局上以原建筑功能分区为基础，结合国内外最先进机场的实例，将细节部分优化，满足旅客实际需求及机场的日常维护。本方案遵循“结构的纹理和角度使旅客在整个进出港过程中都有方向感”，在石材铺设地面中，设置有节奏的纵向深色石材色带，有效明确了空间定位感，使旅客经过每一段路程中都能从空间上判断自身所处的位置，大大降低了旅客的焦虑感。

航站楼与其他大型公共交通建筑一样，声学的设计是十分重要的。本设计利用空间界面装饰的造型手段注重了吸声的处理，利用微孔铝板和吊顶的间隙，以及暴露结构的设计，均起到了吸声的作用。

赖品元

中国建筑学会室内设计分会会员　高级室内建筑师　证书编号：0846

现任赣州蓝桥广告有限公司总经理兼设计总监

2009年获“全国优秀室内设计师”荣誉称号

心灵的属地
——黄金时代复式楼

Design Company: Ganzhou Blue Bridge Advertising Co., Ltd.
Designer: Lai Pinyuan
Project Area: 243 m^2
Project Location: Ganzhou in Jiangxi Province

设计公司：赣州蓝桥广告有限公司
设 计 师：赖品元
项目面积：243m^2
项目地点：江西赣州

对于一个居室，每一个角落均能体现设计的品位和独具匠心，但是具有这种品位并非是仰仗名贵的材料，也不是用夸张的造型来哗众取宠，而是在理念、情趣、视觉、功能等方面来打动人的，我称之为“心灵的属地”。

心灵的最大愿望，可能就是“闲适”，即拥有一处能容纳自我的雅居，闲适时节，来一杯让人心旷神怡的清茶，闲坐翻阅几页诗集，抑或展露一下自己的厨艺，饱饱口福……

静静地走，静静地看，看得人呼吸都屏住了。品品美酒，尝尝佳肴，理理心情，靠靠摇椅，赏赏风景……时光就在这样闲适的环境中缓缓流淌。越简约的设计语言越能营造这样的氛围，中式的典雅、欧式的浪漫、巴厘岛的风情，控制空间的基调，露台上的石桌、秀竹、鱼池和藤椅，衬托出业主闲适的心境。几处精致的小品，把空间气氛渲染得洒脱而幽雅。此情此景，难以言表。

皇冠国际

Designer: Liu Tao
Project Area: 160 m²
Project Location: Nanchang in Jiangxi Province

设 计 师：刘涛
项目面积：160 m²
项目地点：江西南昌

刘涛

中国建筑学会室内设计分会会员
中国建筑学会室内设计分会第27（江西）专业委员会委员
室内建筑师 证书编号：1405

毕业于哈尔滨工业大学建筑学院室内环境艺术设计专业

现任北京龙发装饰（集团）公司南昌公司FA专家工作室设计师、主管

2007年度上海“海丝滕杯”全国设计大赛入围奖
2008年度江西“东方花城杯”设计大赛家居类二等奖
2008年度江西风尚家居优秀设计师

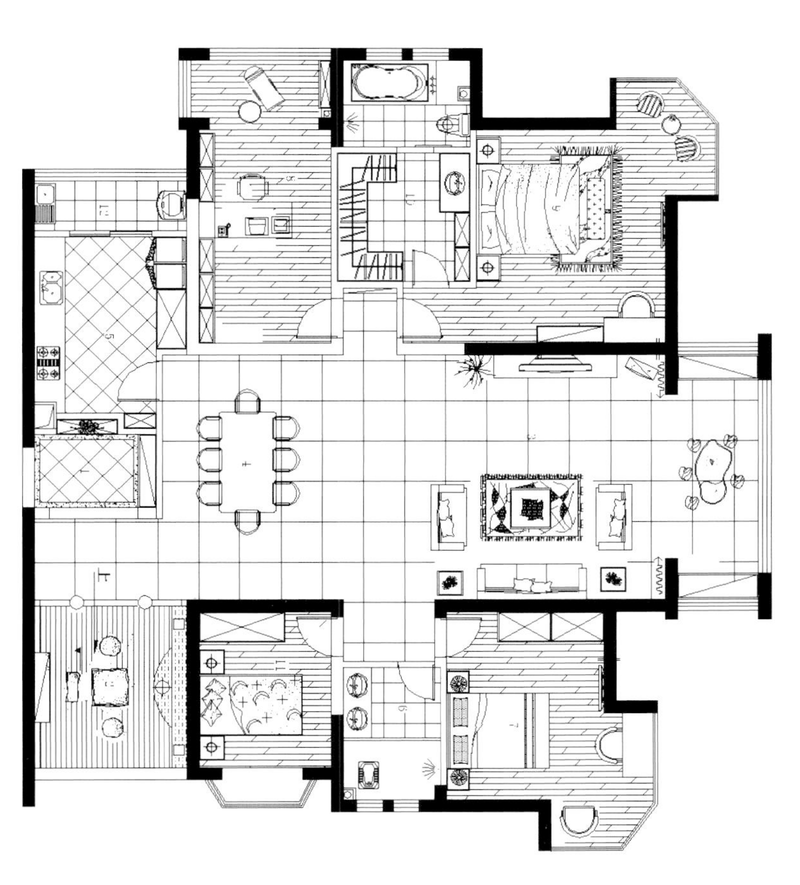

童武民

中国建筑学会室内设计分会理事 中国建筑学会室内设计分会第27（江西）专业委员会委员 专家评委 高级室内建筑师 IFI国际室内建筑师 设计联盟会员 中国别墅空间设计研究会特聘专家

江西联动建筑装饰设计工程有限公司

李信伟

中国建筑学会室内设计分会理事中国建筑学会室内设计分会第27（江西）专业委员会委员 专家评委 高级室内建筑师 IFI国际室内建筑师 设计联盟会员 中国版画协会会员 江西美术家协会会员 江西设计艺术委员会理事

江西联动建筑装饰设计工程有限公司

南昌5A示范单位

Design Company: Jiangxi Liandong Architectural Decoration Design and Engineering Co., Ltd.
Designer: Tong Wumin,Li Xinwei
Project Area: 165 m^2
Project Location: Nanchang in Jiangxi Province
Photographer: Deng Jinquan

设计公司：江西联动建筑装饰设计工程有限公司
设 计 师：童武民、李信伟
项目面积：165 m^2
项目地点：江西南昌
摄　　影：邓金泉

本案空间具有一种东方含蓄、柔美的气韵。设计中植以简约、现代的北欧元素；现代中式檀木桌椅、藤条竹帘、花架、木质麻布的沙发等。华丽水晶吊灯折射出的柔美光影缓缓释放而出，在这里，光影塑造着空间，放慢着时间的脚步，植物的芬芳，驱散着人们都市生活的压力，引起人们对岁月光阴的回想。客厅和餐厅空间开阔自然，肌理材质的应用和过道墙面的茶镜共同营造出缤纷错落的室内景象，给人一种奇异的视觉感受。恬淡的茶室、卧室、书房蕴涵着不可言喻的东方气息，散发着华夏人文的芬芳，沉静中诠释着东方传统与现代“家”的传奇。

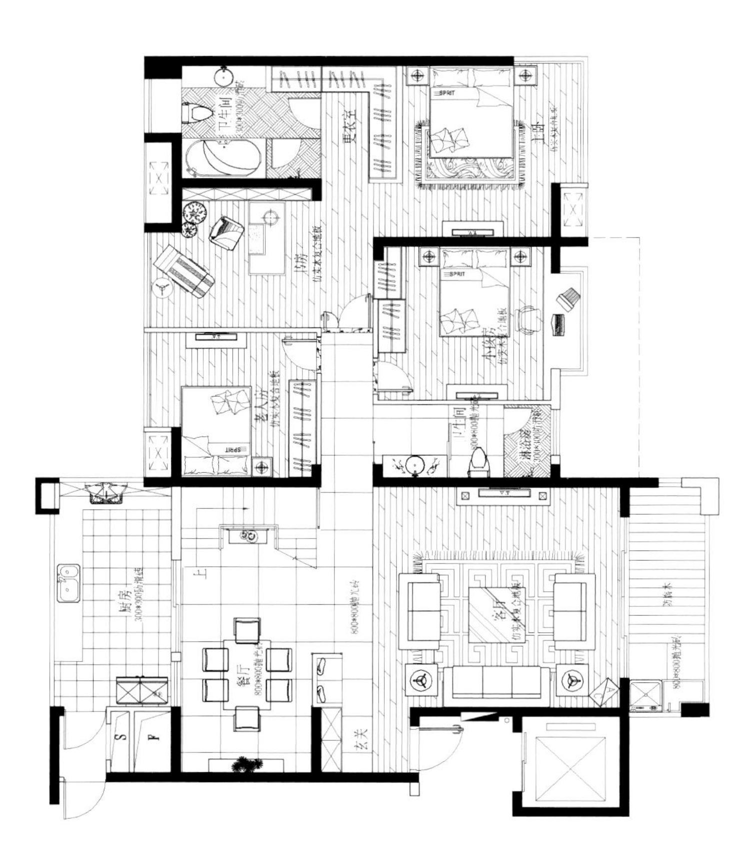
卫生间
更衣室
主卧
书房
小孩房
老人房
卫生间
淋浴房
厨房
餐厅
客厅
玄关
防腐木
上

写意东方

Design Company: Jiangxi Liandong Architectural Decoration Design and Engineering Co., Ltd.
Designer:Tong Wumin,Li Xinwei
Project Area: 65 m^2
Project Location: Shangrao in Jiangxi Province
Photographer: Deng Jinquan

设计公司：江西联动建筑装饰设计工程有限公司
设 计 师：童武民、李信伟
项目面积：65 m^2
项目地点：江西上饶
摄　　影：邓金泉

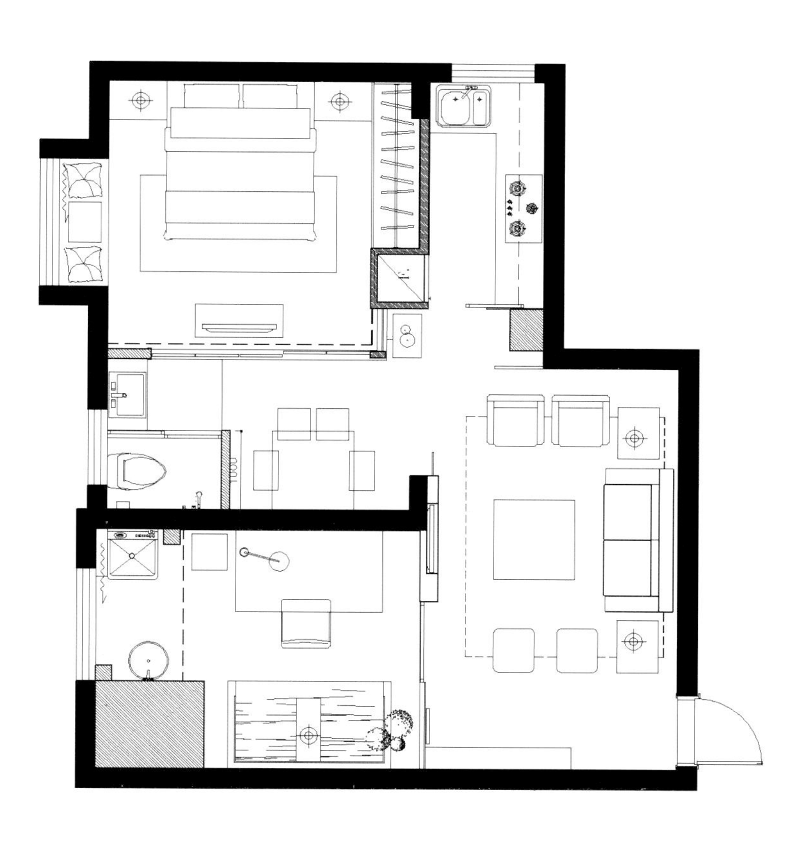

$65m^2$的空间，不仅要满足居住的功能和舒适性，同时还要置入家居品质和文化需求，这是一个命题作文……

设计师用“写意东方”的设计构思定义空间主题，用白色作空间底色，用木色点缀，用灰色过渡。如果白色是宣纸，那么木色则是点到为止的经典写意，而灰色则弥补了白与木之间的过渡，整个空间的色调稳健而大气、温馨而雅致。

为让小空间做到通透而实用，设计师将原非承重墙打开，目的是加强空间对话与联系。而温馨雅致往往是业主最关心的东西，房间每个角落弥漫着温馨，每个界面都有雅致的输入，设计师将这二者做了高度的统一，室内动静流线与界面镜面的通透关系妙趣横生。空间的疏密、深浅、虚实、收放都有不俗的表现。空间的点、线、面应对白、木、灰，在节奏上相辅相成、相得益彰，对推进“写意东方”的表述也颇有章法，尤其是空间的软装和陈设的经典布置充满了生活的情趣……

达芬奇壁纸生活馆

Design Company: Wang Tian Design Firm
Designer: Wang Tian
Project Area: 180 m^2
Project Location: Nanchang in Jiangxi Province
Photographer: Deng Jinquan

设计公司：王天设计事务所
设 计 师：王天
项目面积：180m^2
项目地点：江西南昌
摄　　影：邓金泉

王天

中国建筑学会室内设计分会会员
高级室内建筑师　证书编号：0813

就读于上海华东神哲学院文学系.哲学系　毕业于赣江大学工艺美术系装潢设计专业

创办雅格电脑平面设计房
王天设计事务所

DAVINCI

DAVINCI
达芬奇墙纸生活馆
DAVINCI
达芬奇墙纸生活馆

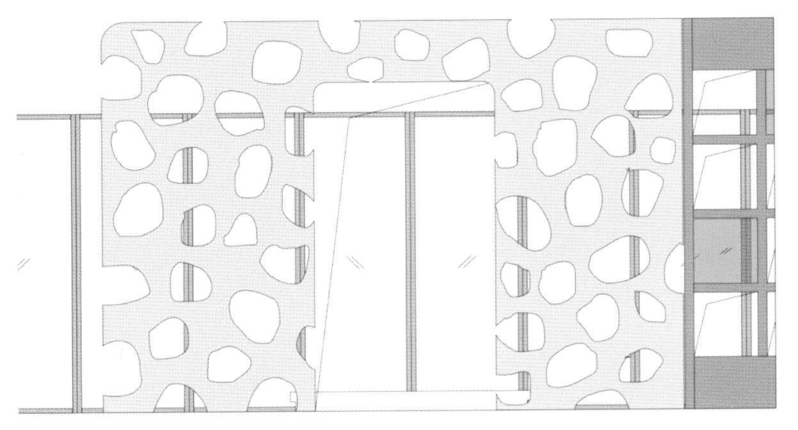

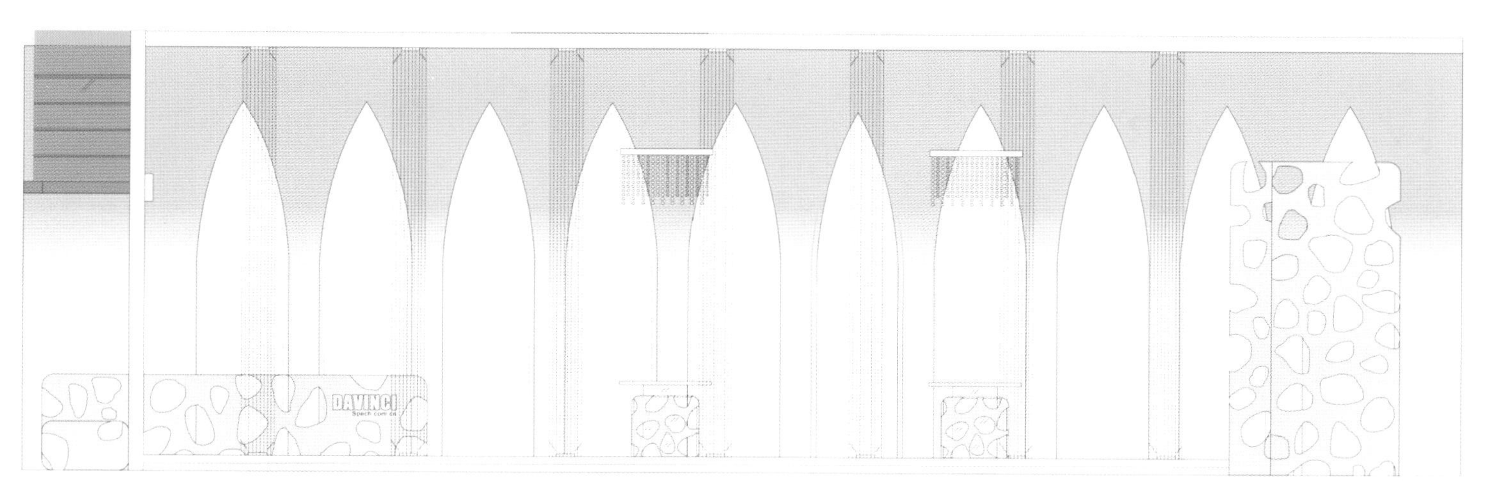
DAVINCI

太平洋直购网办公大楼

Design Company: Wang Tian Design Firm
Designer: Wang Tian
Project Area: 2400 m^2
Project Location: Nanchang in Jiangxi Province
Photographer: Deng Jinquan

设计公司：王天设计事务所
设 计 师：王天
项目面积：2400m^2
项目地点：江西南昌
摄　　影：邓金泉

WONDERFUL
Exhibition
bmc
Exhibition
← THERETF
GHFHG/
856

空调机房
杂物间
空调机房
强弱电间

万达华府

袁键

王天设计事务所

Design Company: Wang Tian Design Firm
Designer: Yuan Jian
Project Area: 160 m^2
Project Location: Nanchang in Jiangxi Province
Photographer: Deng Jinquan

设计公司：王天设计事务所
设 计 师：袁键
项目面积：160m^2
项目地点：江西南昌
摄　　影：邓金泉

SONY

半岛豪园

Design Company: Da Zhaimen Decoration
Designer: Xiao Shao
Associate Designers: Zhong Yan,Liu Jie
Project Location: Xinyu in Jiangxi Province
Photographer: Deng Jinquan

设计公司：大宅门装饰
设 计 师：萧少
参与设计：钟燕、刘杰
项目地点：江西新余
摄　　影：邓金泉

萧少

毕业于江西科技职业师范学院环境艺术设计系

现任大宅门装饰公司 设计总监

本样版房家具和家居饰品由广汇红苹果家

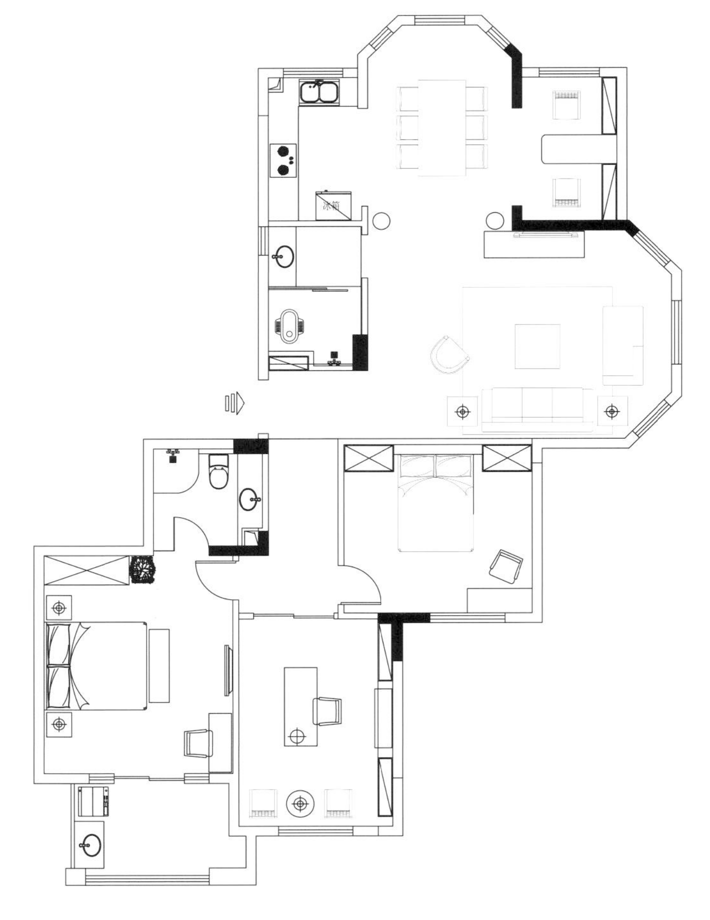

本案的双拼别墅设计源自一份绮丽的梦想，业主希望拥有一座特别的居所，它有欧式古典的精髓及摩登时尚的现代感；让生活美学和憧憬都能真实出现在伸手可触的日常情境里。设计师把握业主的心灵梦想，设计定位在当代和欧式之间，尝试超越传统厚重、浓烈的欧式色彩，采取一种淡淡的清逸手法，谱写古典新视觉，让空间在厚重的古典风格的氛围中，逐渐溢散出耕植于内的摩登个性，达到空间美感的最大化。

太阳城

Design Company: Da Zhaimen Decoration
Designer: Xiao Shao
Associate Designers: Zhong Yan,Liu Jie
Project Location: Xinyu in Jiangxi Province
Photographer: Deng Jinquan

设计公司：大宅门装饰
设 计 师：萧少
参与设计：钟燕、刘杰
项目地点：江西新余
摄　　影：邓金泉

TAMA

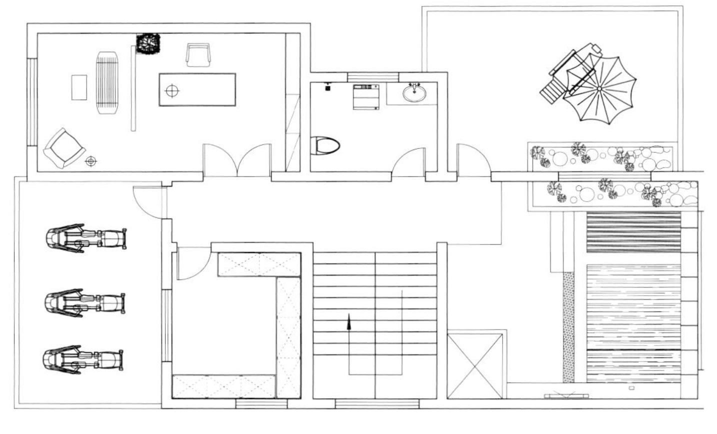

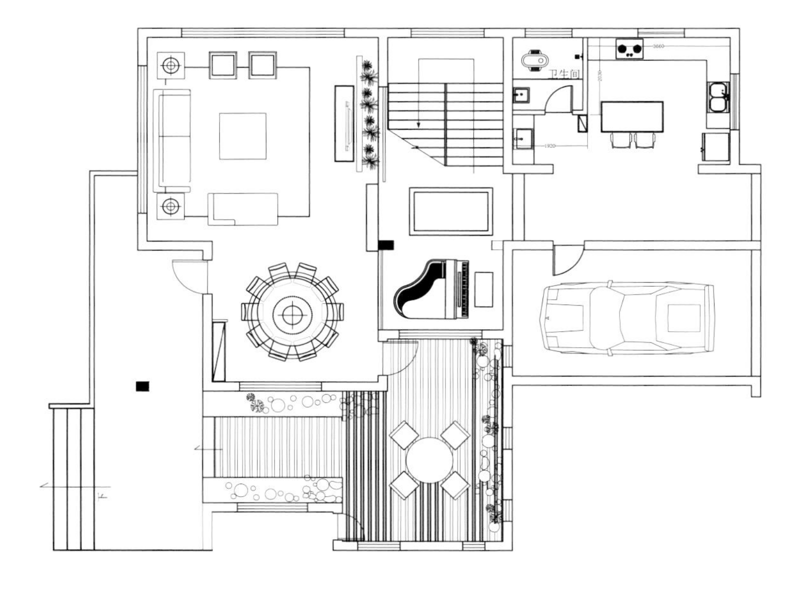
卫生间
1920

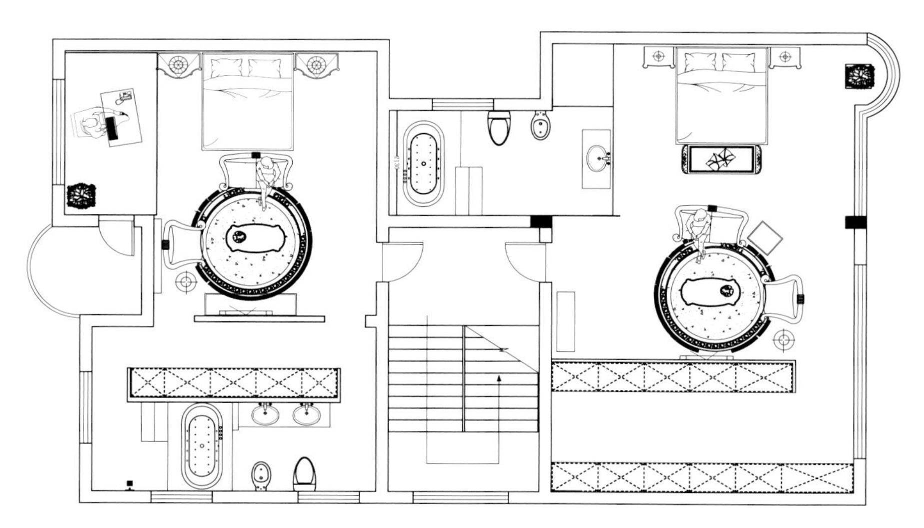

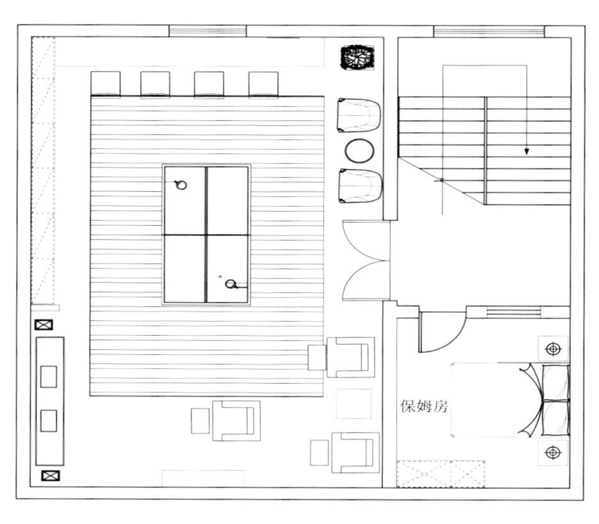

本案是一套高档楼盘的样板房，地理位置临近江边，楼盘具有欧式的建筑外观，且置于自然秀美的自然景观中，开发商的定位客户为精英族群。基于这些因素，本案的风格定位为新欧式，非常适合中国精英族群居住，稳重、大方、贵气。

欧式古典的热捧在于人们对精致生活及唯美情境的向往，若只是一味追求过时的经典元素，不能完全适应当代生活空间，更会显得呆板。因而，本案舍弃复杂元素，让现代功能融合古典欧式风格，最终效果显示出新欧式的容颜。

返璞归真

辛冬根

中国建筑学会室内设计分会理事
中国建筑学会室内设计分会第27（江西）专业委员会副主任
中国建筑学会室内设计分会第27（江西）专业委员会专家评委
高级室内建筑师　证书编号：0563

风行室内设计有限公司设计总监

全国百名优秀室内建筑师
2008年度中国室内设计十大封面人物
2007年获度设计艺术成就奖

Design Company: Vogue Design
Designer: Xin Donggeng
Associate Designers: Chen Lingzhi
Project Area: 165 m^2
Project Location: Xinyu in Jiangxi Province
Photographer: Deng Jinquan

设计公司：风行设计
设 计 师：辛冬根
参与设计：陈灵芝
项目面积：165m^2
项目地点：江西新余
摄　　影：邓金泉

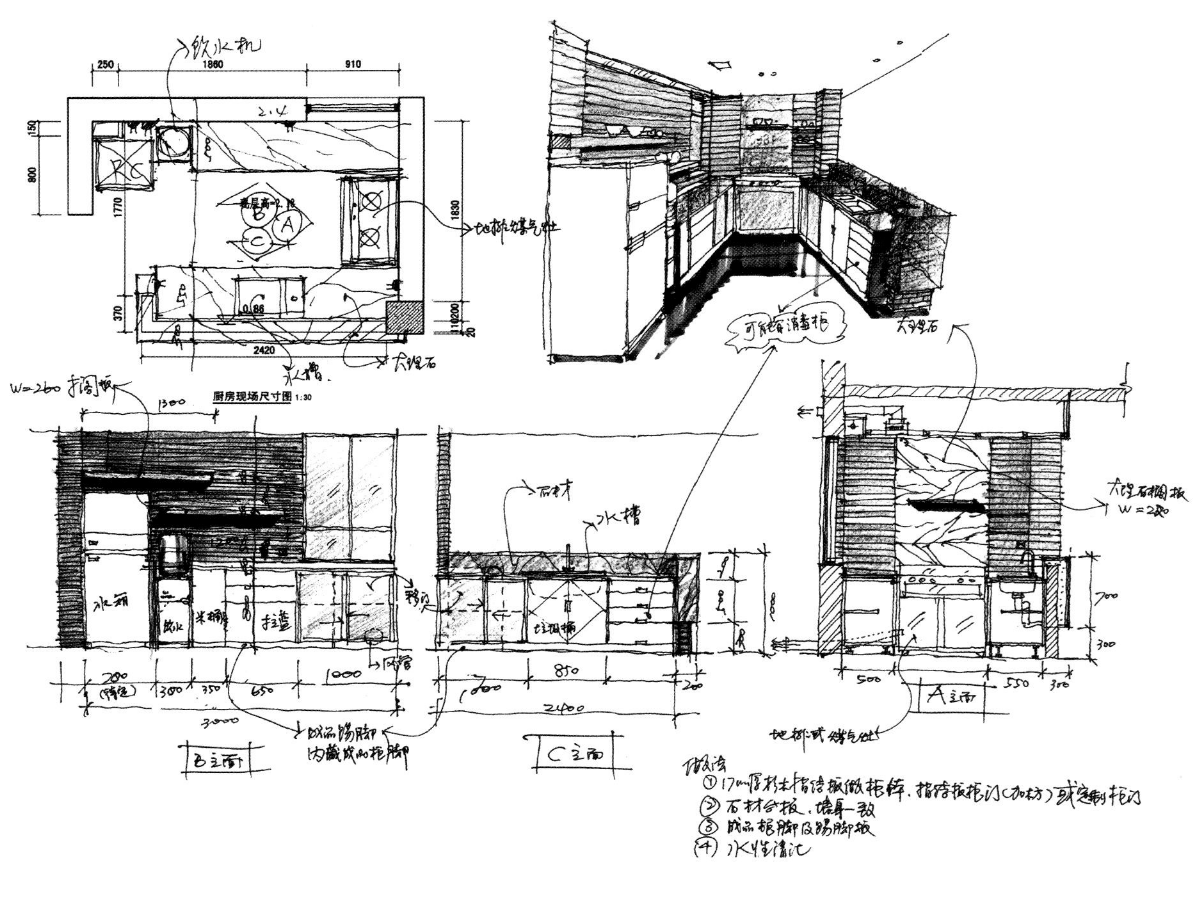

饮水机
250
1860
910
150
800
1770
1830
370
2420
水槽
大理石
厨房现场尺寸图 1:30
W=260
1300
石材
水槽
大理石
200
300
350
650
1000
3000
850
2400
500
550
300
700
B立面
C立面
A立面
做法
① 17mm厚杉木指接板做柜体，指接板柜门（加枋）或定制柜门
② 石材台板，墙身一致
③ 成品柜脚及踢脚板

室内设计总是要依附于建筑这个载体，很多住宅建筑产品，开发商为了获取最大的商业利益，总是缺少人性化的深度设计，使之存在不少问题。在进行装饰设计的时候，让消费者和室内设计师们绞尽脑汁，苦不堪言。本案就是一套165m^{2}的普通公寓住宅，原建筑的最初印象是空间狭窄、光线暗淡，通风、采光条件极差。好在这个建筑是全框架结构，可以进行大面积的改造，而且有足够面积的入户花园和露台。在拆除所有不合理的墙体后，呈现在眼前的是宽敞明亮的毛胚建筑，空间豁然开朗，让人兴奋不已。

利用原有的清水砖墙和灰色水泥墙体进行合理的空间组合，用模糊甚至是倒置空间的分割手法来诠释对“家”的理解。在看似无序的空间中建造开放与闭合的功能关系。用最原始的建材、透过树枝的阳光及不可替代的庭院植物来表现轻松自然的生活质感，是这次设计改造的主要理念。同时，采用了大量未经加工的自然纯朴的材料，低碳且环保。在素雅的空间里用艺术品和经典的怀旧家具进行点缀，不仅是提升空间的视觉感受，更能表达一种平淡朴实、物尽其用的价值观。

旧木与卵石带来的是对童年的美好回忆。沉稳低彩度色调是一种对简单隐居生活的向往。轻松开放的空间分割是想让家人在每天忙碌的步伐中慢下来，充分享受安静优雅的生活。

正西门

王晚成

中国建筑学会室内设计分会会员 高级室内建筑师 中国建筑装饰协会会员

意大利米兰理工大学研究生

2010年任深圳康之居装饰工程有限公司专家设计师
2012年创办W Design Office，任设计总监

2012年南昌十大魅力设计师

Design Company: W Design Office
Designer: Wang Wancheng
Project Area: 1000 m^2
Project Location: Nanchang in Jiangxi Province
Photographer: Deng Jinquan

设计公司：W Design Office
设 计 师：王晚成
项目面积：1000 m^2
项目地点：江西南昌
摄　　影：邓金泉

SAFE
STRESSED
ARMORED
DOWN
SECRETTVE
DEVOURED

本案源于一个丰富的梦境，所以有了正西门。对它的构想是搭建一列欲望号列车，乘载着每个人心中无尽的欲望。理想中的酒吧是个交换故事的空间，说出你的往事，带走我的故事，时间在这里只是片刻，快的就像这红色闪电状吧台，你我从过去到未来，白驹过隙，转瞬即逝。伤痛不过如此，欢乐随即而生。头顶着迷离的光线，脚旁是妖娆的灌木，火烧腾云包裹着年轻的心。你是谁，来自哪里，只要有懂我的人，什么都不重要。坐下来，举起杯，墙上的黄色是回忆的网，忽远忽近，错落交至。回忆有时会说谎，你爱着谁，谁在想你。你所不知道的，都在这里。两两相望的格局仿佛彼此熟悉，又隔着距离，楼梯往上是更为私密的格局，坐着是迷茫的灯火，站着是陌生的人群。我觉得孤独，也觉得热闹。每个男人心中都有一个变形金刚。它是征服的统领、权力的象征，它守卫着出入口，还有旁边的伸展台。它也是交换故事中的一部分，我们总在别人的故事中看见自己，在自己的故事中找到他人。让我们从正西门开始，散场也不落幕。

滨江国际梁先生雅居

Design Company: Jiujiang Industrial Architecture Design Institute
Designer: Xiong Rushui
Project Area: 200 m²
Project Location: Jiujiang in Jiangxi Province
Photographer: Deng Jinquan

设计公司：九江工业建筑设计院
设 计 师：熊儒水
项目面积：200m²
项目地点：江西九江
摄　　影：邓金泉

熊儒水

中国建筑学会室内设计分会会员 中国建筑学会室内设计分会27（江西）专业委员会委员 室内建筑师 证书编号：1411

毕业于武汉理工大学
现任九江工业建筑设计院装饰设计室主任 九江建恒装饰有限公司设计总监 九江职业技术学院客座讲师

获江西省新农村设计大奖赛二等奖
江西省首届“东方花城”杯室内设计大赛优秀奖

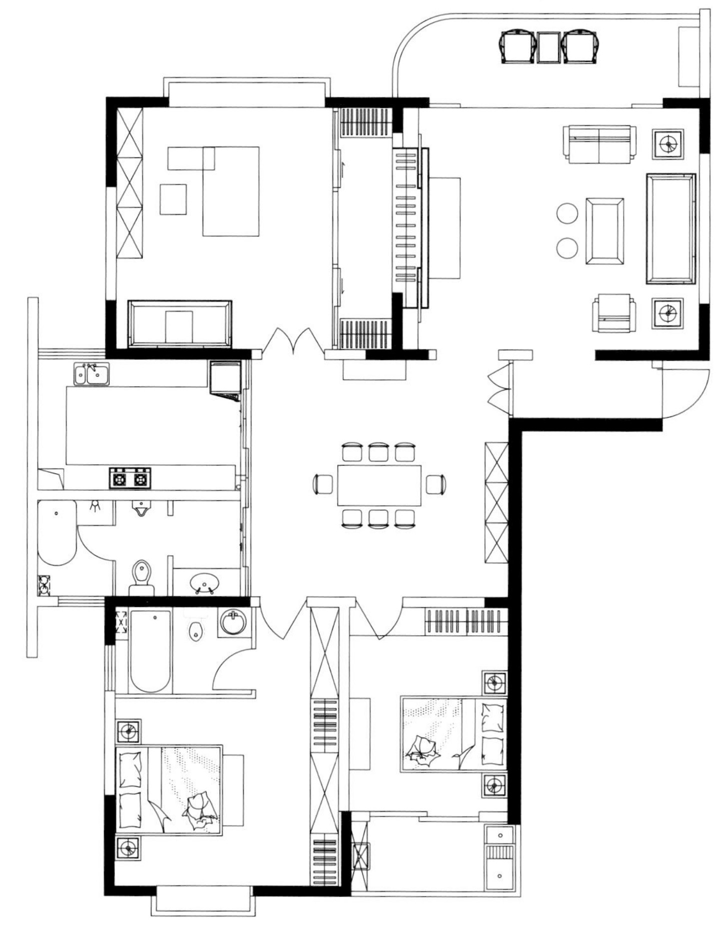

本案为一个临江高档住宅项目，南靠庐山，北瞰长江碧水，与山环水抱的自然气息相互萦绕，自然的生活意境诠释着人们对大自然的热爱与向往。总建筑面积约为200m^2。男女主人都是资深建筑设计界人士，所以对居所的设计有着自己独特而专业的见地和诉求。对设计的要求是：经典、贵气、庄重、典雅，符合身份又不过分奢华，能够体现他们的品位与修养。

在同业主的沟通过程中确定了本案为中式古典风格，整体空间中式古典风味浓烈，味道纯正。它有着和谐的整体氛围、特色鲜明的装饰元素、精致讲究的装饰细节。整个空间无论是材质的选择，还是细节的打造，都体现了中式古典的精致品位。强调空间的整体性、风格的统一性，平面布局完整、大气，赋有贵族气质，杜绝虚假的奢华，体现真正的高品质生活。功能与形式紧密结合，在宏观的空间结构、平面布局上，讲究因景互借，丰富空间层次，注重空间虚实，常常隔而不断，目的不在于把空间切断，而是一个过渡、一个提醒。设计体现了庄重、典雅、尊贵，达到古典和现代的交融，现代都市和宫廷的联系，设计和环境的自然融合，处处见景、处处是景，注重生活品质和细节，在装饰设计中所采用的任何一个小件（线条、图案等）都要求清晰明确，毫不含糊。在材质的选择上取材于大自然，选择绿色材料。主材为实木、青石板、仿古砖等，所有家具皆为实木打造，这更是中式风格中朴实的象征。

最后再对斗拱、彩绘、落地罩及雕花等寓意传统的中式元素加以运用，使其在新的空间与抽象的文化内涵之间相互碰撞、交融，创造出符合现代人审美的居住环境，更让人得到一种传统的回归和精神上自然典雅的享受，古风古韵，意境悠长，令人倾情不已。

千爱

Design Company: Xu Lecheng Design Firm
Designer: Xu Lecheng
Project Area: 6000 m^2
Project Location: Nanchang in Jiangxi Province
Photographer: Deng Jinquan

设计公司：徐乐城设计事务所
设 计 师：徐乐城
项目面积：6000 m^2
项目地点：江西南昌
摄　　影：邓金泉

徐乐城

中国建筑学会室内设计分会会员
中国建筑学会室内设计分会27（江西）专委会秘书长　高级室内建筑师　证书编号：0685

2002年深圳深装协设计大奖赛（住宅）类一等奖
2006年江西宜家杯设计大奖赛一等奖
2007年度被江西电视台及南昌晚报等媒体评为江西家居业风尚设计师
1989-2009年度优秀设计师

COFFEE

COFFEE

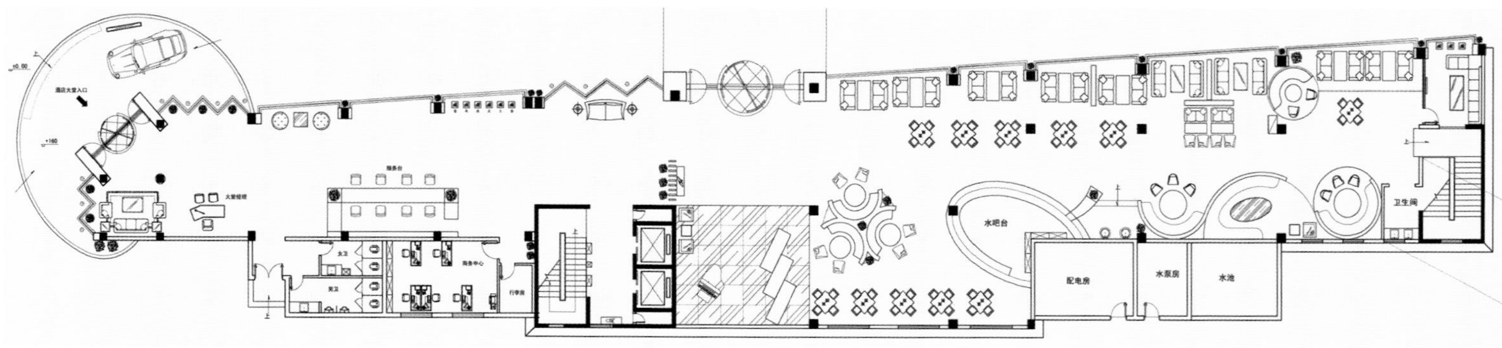
±0.00
酒店大堂入口
+160
服务台
大堂经理
女卫
男卫
商务中心
行李房
水吧台
配电房
水泵房
水池
卫生间

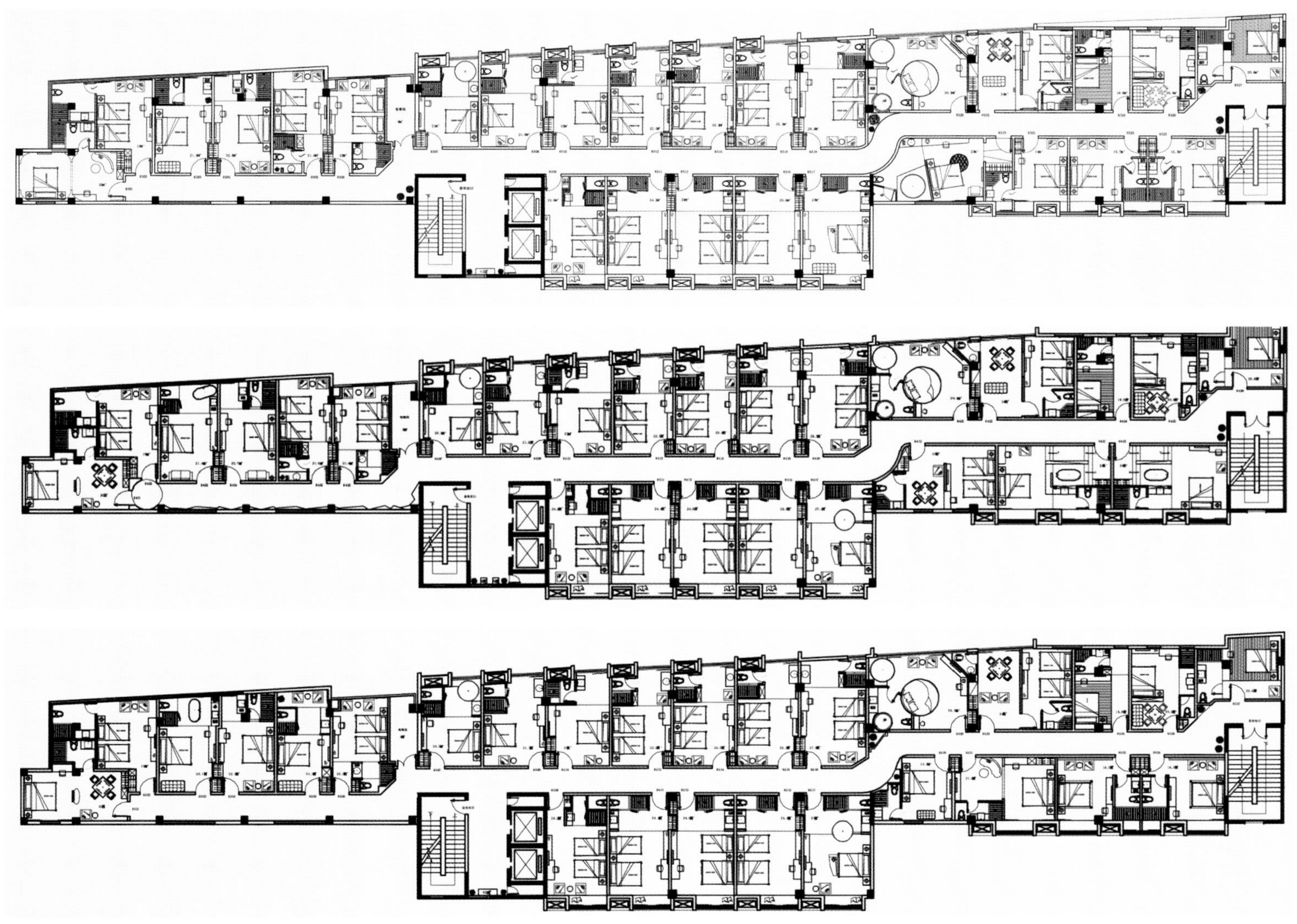

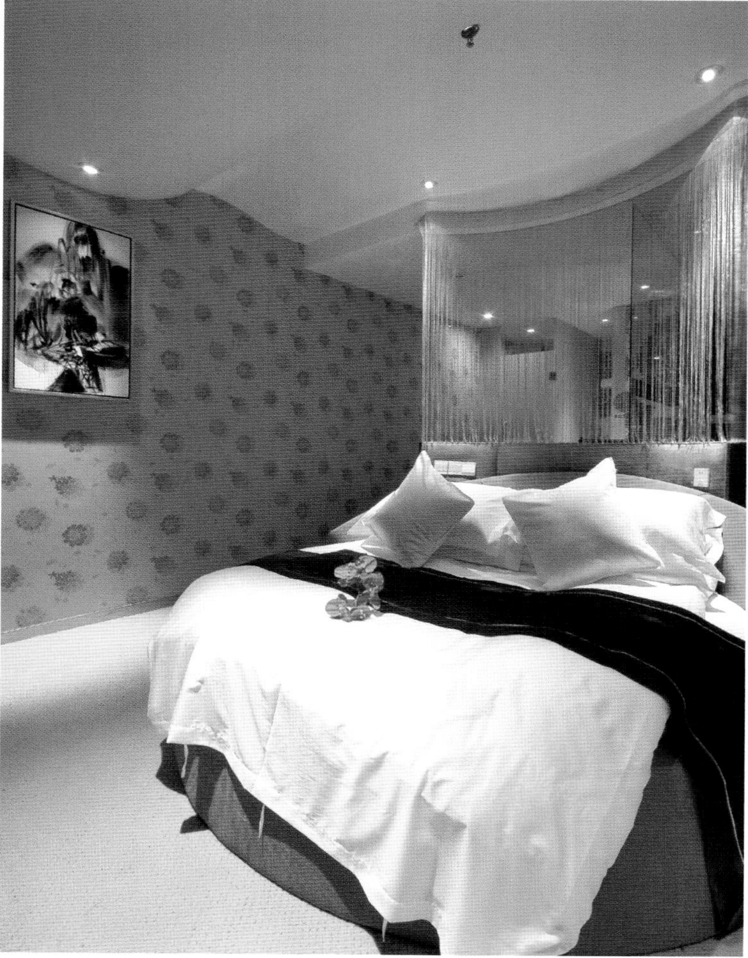

千爱艺术酒店位于南昌市阳明东路。总建筑面积6000m²。千爱艺术酒店是个概念性的艺术酒店，不以金碧辉煌的装修作为自己的特点，更多是以细心考虑到整体酒店的特色为基本要求，低调的奢华便是对整体风格及氛围的最好诠释。

酒店大堂是酒店对外传递信息和树立形象的重要部分，在大堂的室内设计中，材料之间的完美配合，地面运用水刀切割的石材，墙面与饰品的衬饰，凸显尊贵时尚的气派。别致的灯饰弥漫出柔和的斑斓光彩，渲染出高雅的艺术品，令它成为视线的焦点。明朗中透露着华贵之感，大厅中间的水晶吊饰在灯光的映照下闪耀，体现出了灵动与贵气。

西餐厅的设计整体简洁、通透。通过对局部功能的合理配置，加上中厅的亮丽时尚的辣椒吊灯与色调之间的运用，提升了餐厅整体档次和格调，餐厅把功能和形式紧密结合在一起。

客房的设计是以客人作为出发点，房内柔和的灯光营造出闲适慵懒的氛围，在地毯的陪衬下，静溢中流淌着华丽、时尚与舒适，让客人一走进房间便可感受到年轻和家的温暖。无处不在的色彩使得整个环境动感十足，诱发一段如梦似幻的体验。

万科四季花城独栋花园洋房别墅

Design Company: Mountains and Rocks Culture Design Firm
Designer: Yang Lei
Project Location: Nanchang in Jiangxi Province
Major Materials: Marble,Sandstone, Silk wallpaper, Soft flannelette Roll

设计公司：山石文化设计事务所
设 计 师：杨磊
项目地点：江西南昌
主要材料：大理石、砂岩、丝线壁纸、绒布软包

杨磊

毕业于江西省建筑工程学院 主修建筑装饰

山石文化设计事务所创始人

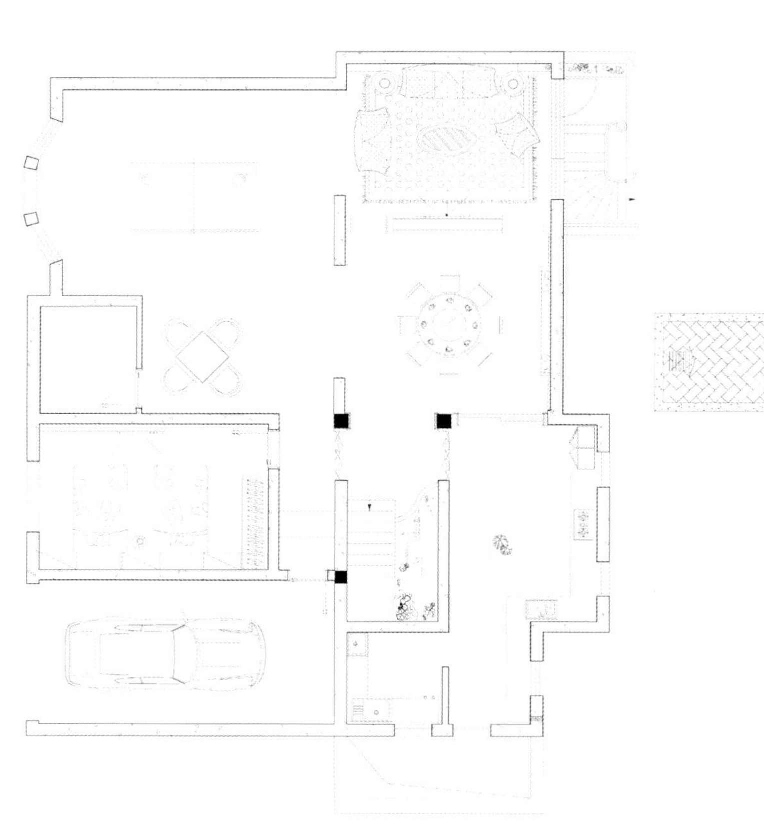

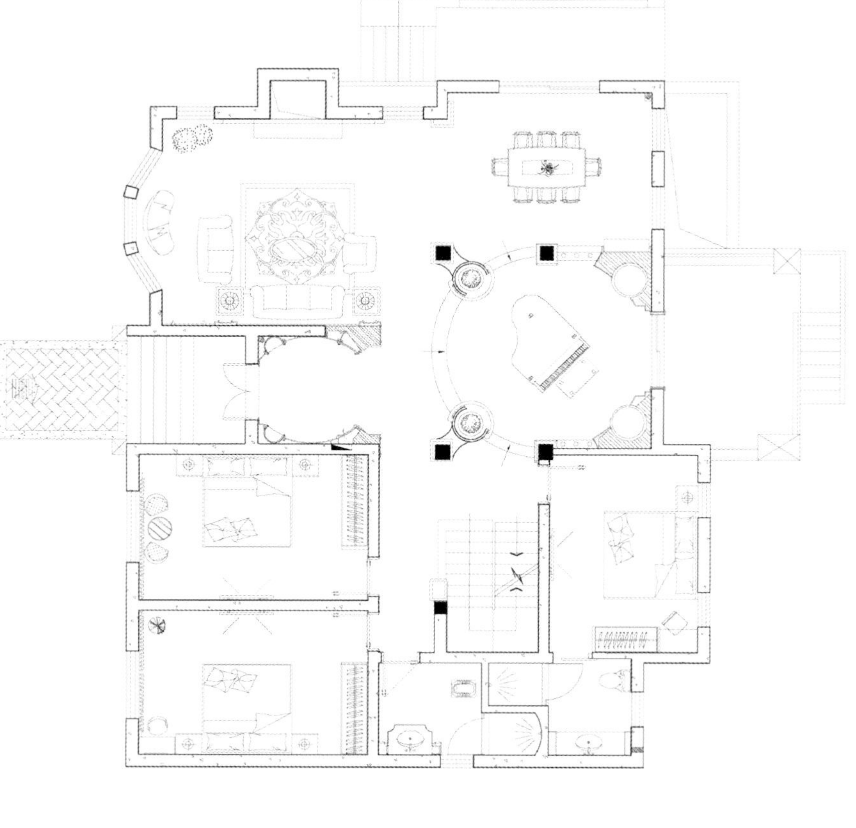

当人类懂得了居住，石材就与家有了千丝万缕的联系。随着时间的推移、社会的进步与审美的提升，建筑师与室内设计师开始深思材质的应用，慢慢地，人们发现了这种永恒、善于变化、便于雕琢、内涵文化的材料，它被大家赞誉、肯定。

大理石，以一种惊人的速度运用到整个世界，大到皇庭宫殿、古堡、城墙，小到花瓶碟盘等，是欧洲尊贵地位与权利的象征。因此，它不仅是一种名贵的材料，更代表的是一种文化、品位与贵族气质！

我无意挖掘这些石头的历史，在我的眼里，它就是一段无法诠释的历史。那纵横交织的纹路是谁的痕迹？大理石是包容的，它没有任何的轻蔑与鄙视，她拥有大地的胸襟；它又是永恒的，把饱含岁月的痕迹放于深处，千百年后它仍是一块沉默的石头，任凭人类如何改变它的身世，它始终保持着一份智者的沉默。

本案在喧闹的城市中犹如一片净土，安静、沉淀、与生俱来的贵族血统，表现在每一根线条、每一扇窗户中。建筑外观采用了大量的欧式元素，青石砂岩的墙身，石英斧劈石的墙裙带着欧式线条的装点，用材考究，这些倒是万科一贯的风格。

室内空间风格以欧式奢华作为主轴，功能定位为成功商业人士的住宅与私人招待。打破了传统空间隔墙的做法，重新定义了空间，以开放、贯穿的理念，并用家具与错落的间隔手法，将室内空间的精致与张力极致化。

门厅/中厅/客厅

步入室内，圆弧形玄关是整个设计的文脉开始，长条形车边镜组合成弧形墙面，墙面相互延伸，增加了空间感与层次感。正对面是整个空间的中心点，在地面的处理上设计师采用了抬高错层的手法，以一个圆形台地为出发点，辐射到周边的每个功能区，左、右两端用透光石雕琢的石墩替代了普通扶手的做法也是整个设计的一处亮点。客厅是男主人的一个重要会客区域，设计师在细节的处理上，大胆地应用了整面安哥拉洞石上墙，再结合天然的纹理走向，让客厅不需要过多的装饰就已经呈现出典雅、高贵、富有内涵的专属空间。

餐厅/起居室/厨房

改动最大的就是把整个餐厅、厨房、起居室、健身房搬到了地下一层，在基础建设上作出了相当大的努力，结合中厅空间的轴线设计，把餐厅放在了轴线中点。设计师巧妙地运用不同造型的安哥拉洞石门套分隔出功能区，连续的拱形门套洞石墙是分隔起居室和餐厅的隔断，也是两个区域的背景墙，隔断上的鱼缸更体现出设计师在细节上的用心和业主对生活的热爱。洞石的纹理变化所产生的视觉享受便是设计师想要传达出来的石头文化的精髓。

主卧室/衣帽间/主浴室

巨大的门套造型、巧妙的拱形百叶窗、奢华的砂岩罗马柱搭配上绒布软包，诠释出的是一种高贵的私密空间。大面积的落地窗，不但是充足光线的来源，也是业主私人拥有的景观阳台。衣帽间隐藏在整墙的推拉门后，除了基本的收纳功能，它还是通往浴室的玄关。主浴室中不论是用材还是设施，都让业主在享受沐浴的同时感受设计师所表达出来的浴室文化。

俞李纲

中国建筑学会室内设计分会 中国建筑学会室内设计分会第27（江西）专委会委员 高级室内建筑师 证书编号：1648

毕业于江西师范大学美术学专业和环境艺术设计专业
进修于广州美术学院主修室内设计

现任浙江烟草-南昌中溢置业有限公司装饰设计师

A1户型样板房

Design Company: Nanchang Zhongyi Real Estate Co., Ltd.
Designer: Yu Ligang,Xie Zhenyu
Project Area: 270 m^2
Photographer: Deng Jinquan

设计公司：南昌中溢置业有限公司
设 计 师：俞李纲、谢振宇
项目面积：270m^2
摄　　影：邓金泉

各种艺术门类都是相通的，建筑被称为是凝固的音乐，所以也同样需要节奏和韵律。好的建筑是有灵魂和生命的，而我认为室内装饰是一个建筑真正的灵魂，因为只有室内装饰与人是最亲密的，满足人的各种活动需求，这才是所有建筑最终的目的。本案位于南昌市香溢花城，项目楼盘为150m的超高层住宅，位于南昌市中心的青山湖畔，所有户型都是270m^{2}以上的大空间住宅，项目定位为“空中别墅”，所以样板房是以别墅的标准来设计的。

A1户型样板房面积约为270m^2，我们设定的未来居住群体，他们的共性是具有相当的经济实力，对生活品质要求很高，所以整个项目以欧式古典风格为主展开设计，相对自由的手法，使得空间不会过于严肃或过于烦琐。居住空间就是满足居住人的各种生活需求，每个人都有独特的爱好，所以通过主题来演绎业主的生活居住空间。

A1户型的业主设定为通过自身的努力得到了事业成功的40岁左右的成功人士，有一定的文化修养和社会责任，崇尚自然，喜欢骑马和高尔夫运动。设计师精心挑选了油画和装饰品。选用有森林、天鹅、鹿头、马、狗甚至是猎枪等题材，让人身在其中好像能听到风吹树林声、马蹄声和鸟叫声，让人们在沉闷的城市里，在钢筋水泥的森林里，可以拥有一个宁静、放松的空间。

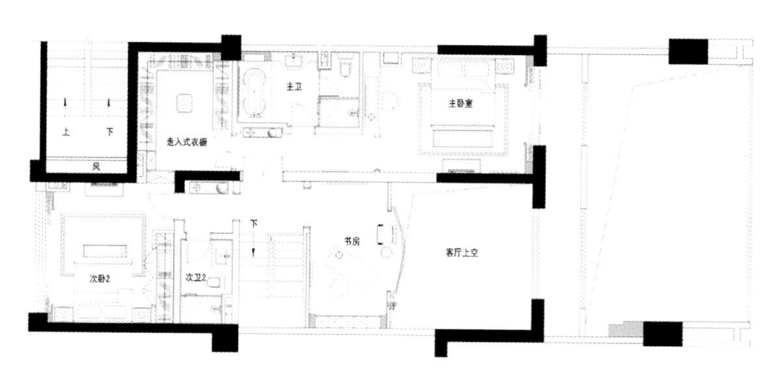
主卫
主卧室
上
下
走入式衣橱
风
下
书房
客厅上空
次卧2
次卫2

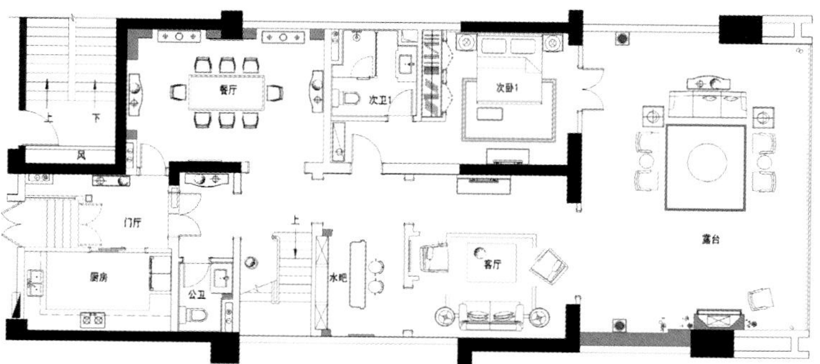
餐厅
次卫1
次卧1
上
下
风
门厅
上
厨房
公卫
水吧
客厅
露台

Cocktail Hour
Martini
Cocktail Hour
Cocktail Hour
Martini

A2户型样板房

Design Company: Nanchang Zhongyi Real Estate Co., Ltd.
Designer: Yu Ligang,Xie Zhenyu
Project Area: 380 m^2
Photographer: Deng Jinquan

设计公司：南昌中溢置业有限公司
设 计 师：俞李纲、谢振宇
项目面积：380m^2
摄　　影：邓金泉

A2户型的业主定位为有几代人财富积累的较大的家族，几代人生活在一起，追求高的精神生活，有浪漫的烛光餐厅，有代表团圆的中式圆餐桌，有稳重严肃的会客厅，有可以举行小型家庭聚会的音乐厅，有品味红酒和鸡尾酒的酒吧，有超大的主卧套房，等等。音乐是本案的主题，音乐是人与人之间心灵沟通的桥梁，音乐是人与自然沟通的桥梁，音乐是自然声音的提炼，有音乐的生活才是有灵魂的生活，是生活上升到一定高度的体现，有音乐的空间才是好的空间，好的空间可以让人的梦想变成现实。

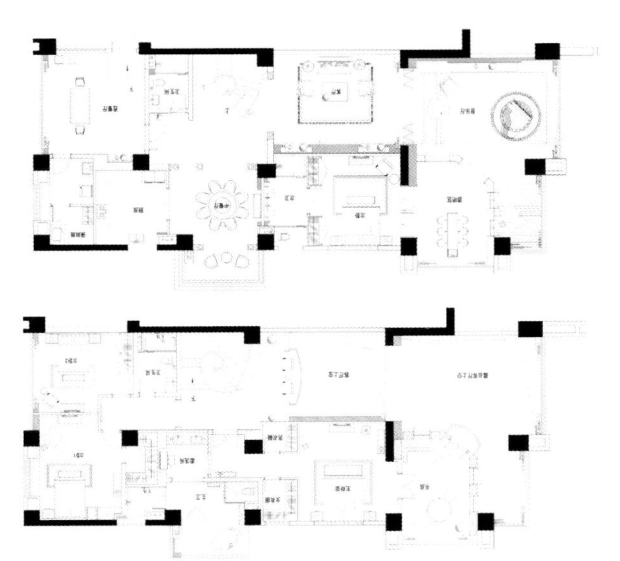

江文

中国建筑学会室内设计分会会员 室内建筑师 证书编号：1459

江宅

Design Company: Jing Dezhen Jiang Wen Decoration Design Co., Ltd.
Designer: Jiang Wen
Project Area: 98 m^2
Project Location: Jing Dezhen in Jiangxi Province

设计公司：景德镇江文装饰设计工程有限公司
设 计 师：江文
项目面积：98 m^2
项目地点：江西景德镇

本案是套两居室挑空的住宅空间。在空间布局上，设计师合理紧凑地利用所有的室内空间，把原有一层空间变成了两层楼高的挑空式，呈现出更完整的功能空间，本案在色彩上使用了主色黑与白，两者的对比增强了室内空间的开阔感与前卫感。

江西履海地产集团办公室

Design Company: Xia Gong Design Firm
Designer: Xia Meiqin
Project Area: 600 m^2
Project Location: Nanchang in Jiangxi Province

设计公司：夏工设计事务所
设 计 师：夏美琴
项目面积：600m^2
项目地点：江西南昌

夏美琴

中国建筑学会室内设计分会第27（江西）专业委员会会员 高级室内建筑师 证书编号：1095

毕业于广州美术学院

创立夏工设计事务所

2007年获江西省宜家杯设计大赛二等奖
2008年获江西省十大风尚设计师称号
2010年获江西省十大女性设计师称号

霞海地产

本案为一个整层约600 m^{2}的地产集团办公室。需要容纳前台接待、会议室、总经理室、财务室及各副总办公室若干。其中重中之重需要一个能容纳20人左右的综合型多媒体会议室，以及涵盖商务及休息的董事长办公室。

以开阔的水族墙、LED点光装饰的前台接待区为引子，局部深入至综合员工区、圆形多媒体会议室，最后至董事长办公室的层层递进的布局，打破常有左右小间的排列分布。大胆采用以圆形会议室为圆心，分布在周围的辐射状各个副总及不同功能办公室的新颖布局，达到功能与流畅创意的完美结合。

恒茂湖滨李公馆

Design Company: Xia Gong Design Firm
Designer: Xia Meiqin
Project Area: 450 m^2
Project Location: Nanchang in Jiangxi Province

设计公司：夏工设计事务所
设 计 师：夏美琴
项目面积：450m^2
项目地点：江西南昌

要求从原有的带有两个车库、两个大门的两套双拼小别墅合并成具有设计特色、风格分明、布局合理的一个大门入口的独栋别墅。

本案为一个3层共450m²的双拼小别墅，5室4厅4卫3阳台及露台。为更好地配合业主注重自然的布局，选用了以蓝色、米色、白色为主调的地中海风格。大胆打破原有的小客厅小房间的狭隘布局，采用整个设计为：一层涵盖会客厅、餐厅、厨房、棋牌室等各种公共空间的综合型大厅。二层为子女，父母等私人卧室，采用拥有休闲厅、阳光房的大家庭布局。三层为业主卧室、书房、衣帽间、观景台、卫生间及起居厅的超大型套房设计。充分发挥别墅独有的采光好、独具特色的建筑本质，并配合合理点缀，已达到重新规划后布局合理、大气，风格独特、清新的设计目的。

艾溪湖刘宅

Design Company: Xia Gong Design Firm
Designer: Xia Meiqin
Project Area: 220 m²
Project Location: Nanchang in Jiangxi Province

设计公司：夏工设计事务所
设 计 师：夏美琴
项目面积：220m²
项目地点：江西南昌

本案为一个三层共220m²的家居空间，有5室4厅3卫3阳台。要求充分考虑通风采光，打造适合5人3代的宜居空间。

充分保留其高挑空、格局规整的原有面貌，着力体现进门玄关、会客厅、延展露台及连通上下层的主要载体楼梯的设计。公共会客、私密卧室，各自区域分开。以大气、明亮、方正稳重的风格贯穿整个家居设计，追求整体空间人文内涵的高度统一。

优山美地官邸样板房

Design Company: Vogue Design
Designer: Xin Donggeng
Project Area: 470 m²
Project Location: Xinyu in Jiangxi Province

设计公司：风行设计
设 计 师：辛冬根
项目面积：470m²
项目地点：江西新余

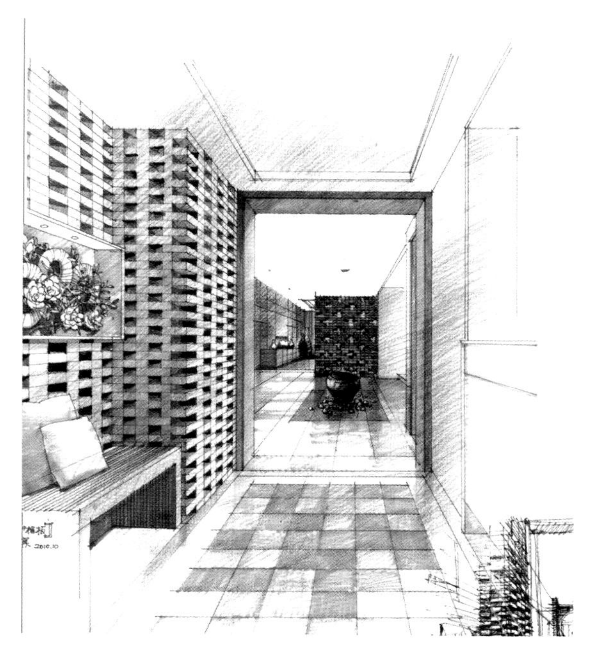

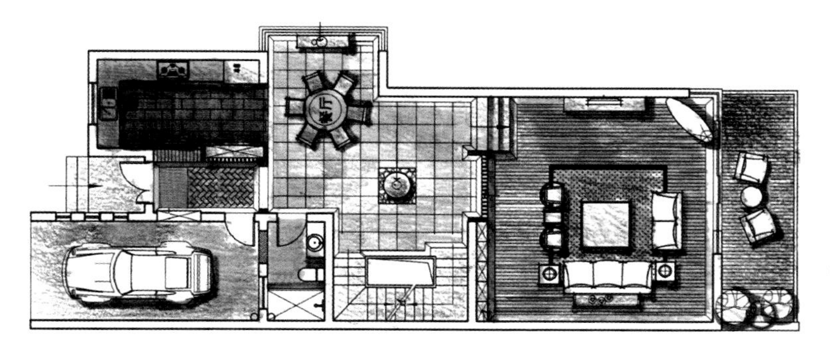

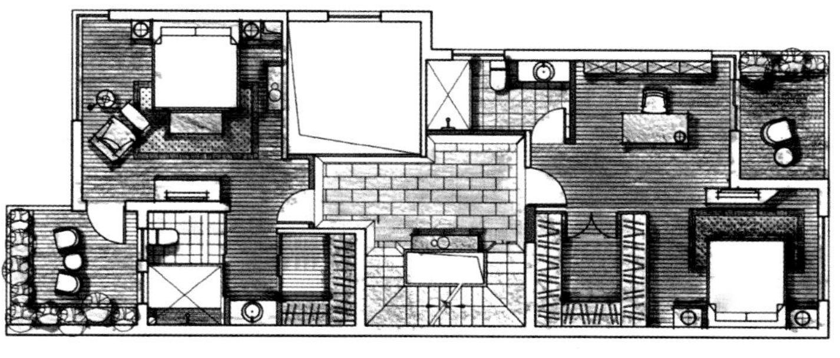

本案是一套5层双拼别墅样板间，一层是客厅、餐厅等动态空间，二、三层是家庭成员睡眠的静态空间，地下一、二层为各种活动交流空间。用新中式的设计语言表现当代中产阶级的新贵生活，是文化与物质的对话，也是富裕起来的当下国人所追求的一种生活方式。何为空间中的人文精神，是本案考虑的重点。在空间界面的构造手法上摒弃了以往常用的木雕、古门、明式家具等符号，而是把传统图案中的“回”字符号拆开，发散思维，在各个区域不断异化表现相互联系。色调和光影的控制也是中式空间设计中的关键，灰白的色调柔和的光影，表达的是一种中国传统文化中的禅意。具有时代感的家具与饰品为安静的空间中带来一份新的生命力。

2008年徽州建筑风景速写

李海林

九江职业技术学院教授　中国建筑学会室内设计分会理事

高级工程师 高级室内建筑师　证书编号：0571

十几年前在从事装饰装修设计的同时，为九江的建筑师、工程师进行软件制图培训；在九江室内装饰装修工程管理站工作期间，主要负责九江地区的“项目经理”培训和室内装饰装修工程图纸的审核工作。

加入学会七年中，积极宣传学会精神，热情团结本地区的设计师和大学生加入学会并参加学会的各项活动，每年组织会员与大学生积极参加学会主办的各项室内设计大赛活动。

大专院校都把建筑学、景观园林、环艺设计等专业的“钢笔建筑风景速写”课程作为必修的重要造型基础课，它是手绘效果图专业设计课程最直接、最重要的前导课程。在速写这一课程训练过程中可以不断地发现与挖掘学生的艺术灵感与创造才能。

建筑风景速写艺术，好象是画家们的“专利”，其实并非如此，只要习画者用心对待，选择适合“设计类”的速写教材与范本，（有条件的活）在专业名师的指导下，从易到难循序渐进、系统突击，完全可以在较短的时间内有较大的进步，从而熟练掌握速写这一表现技艺。这种技艺并非高不可攀，自信是自己最好的“老师”。

“建筑风景速写”是培养习画者对建筑风景环境空间体感的表达能力的训练过程，尤其是对在校相关设计类的学生来说，速写训练过程所达到的掌握技艺的目标固然重要，但更重要的是引导学生情不自禁地对速写艺术产生喜好和对设计专业热爱，同时养成手绘表现的自觉性，为将来走上职业设计师的道路打开了一扇设计智慧之窗。

身为设计类相关专业的学生，如果你想将来成为一位实际意义上的职业环艺设计师，你就得用心培养对速

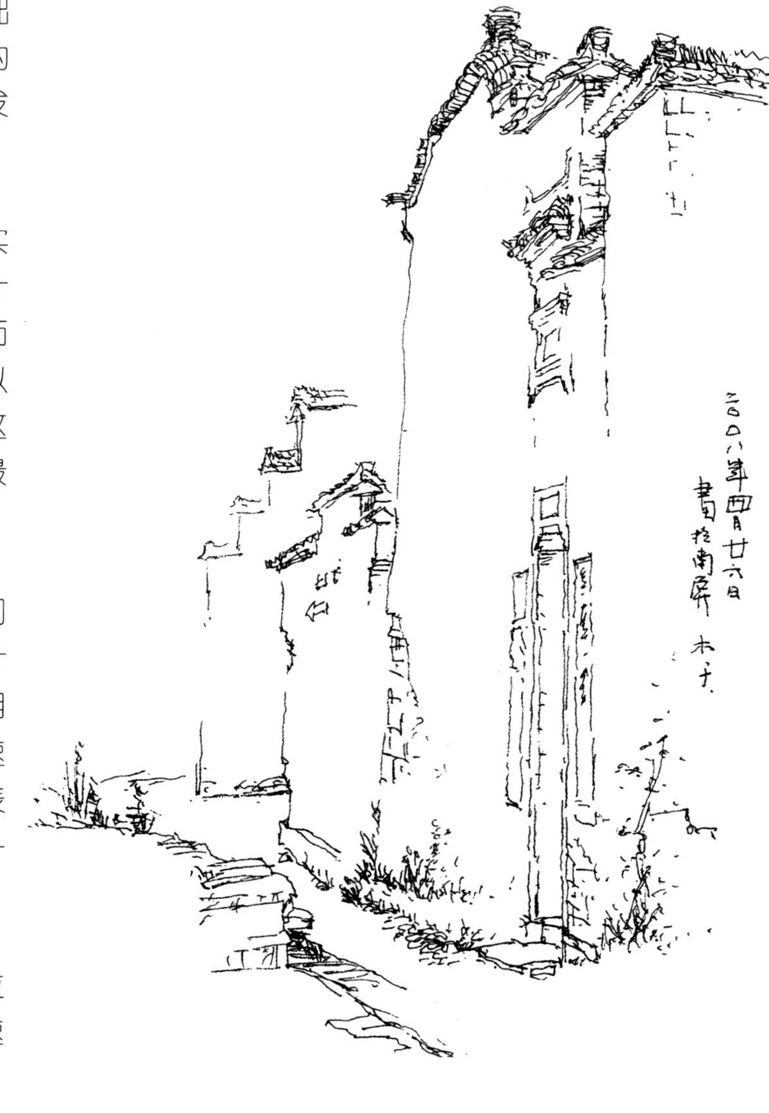

写艺术的喜爱，有了热情，就会有动力，有动力就会情不自禁地去勤奋，这样的勤奋精神会转化为自觉轮回习惯，习惯过程的背后就是收获。

速写的写生过程是艺术表现、情感渲泻的过程。

手绘艺术，成就快乐设计生涯。

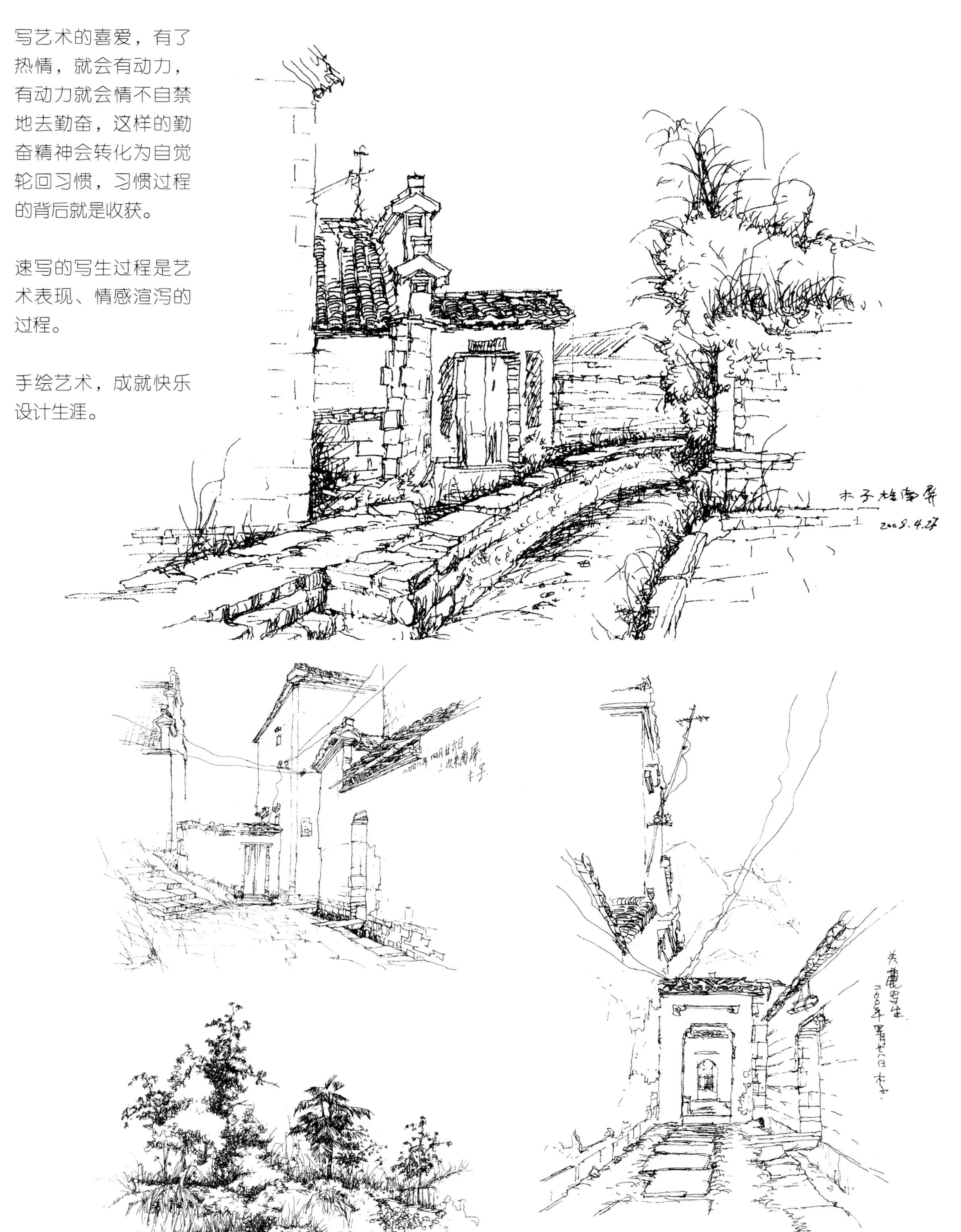

2010年徽州建筑风景速写

2011年徽州建筑风景速写

锁江楼

Design Company: Jiujiang Industrial Architecture Design Institute
Designer: Liang Hao
Project Area: 1000 m^2
Project Location: Jiujiang in Jiangxi Province

设计公司：九江工业建筑设计院
设 计 师：梁豪
项目面积：1000 m^2
项目地点：江西九江

梁豪

中国勘察设计协会第五届理事会常务理事　中国建筑学会室内设计分会理事　江西省建筑工程勘察设计协会理事　江西省硅酸盐学会常务理事　江西省工程咨询协会理事　江西建材杂志编委常务委员　国家一级注册建筑师　国家注册咨询师　高级室内建筑师 证书编号：0967　高级装饰工程师　高级工程师

毕业于武汉工业大学
现任九江工业建筑设计院院长，
九江建恒装饰公司董事长

“九江学院田径训练馆”项目获江西省工程勘察设计行业优秀建筑工程设计二等奖　“九江市金泰·半岛一品小区”项目获江西省工程勘察设计行业优秀住宅与住宅小区工程设计三等奖
承担九江市百余项工业、民用建筑及环境工程、市政给排水工程的可行性研究报告和项目申请报告的编制工作并获奖

黄梅山色过江来

政府组织，全民参入，举全市之力创建国家园林城市！

宜春多胜楼

Design Company: Jiujiang Industrial Architecture Design Institute
Designer: Liang Hao
Project Area: 100 000 m²
Project Location: Yichun in Jiangxi Province

设计公司：九江工业建筑设计院
设 计 师：梁豪
项目面积：10万 m²
项目地点：江西宜春

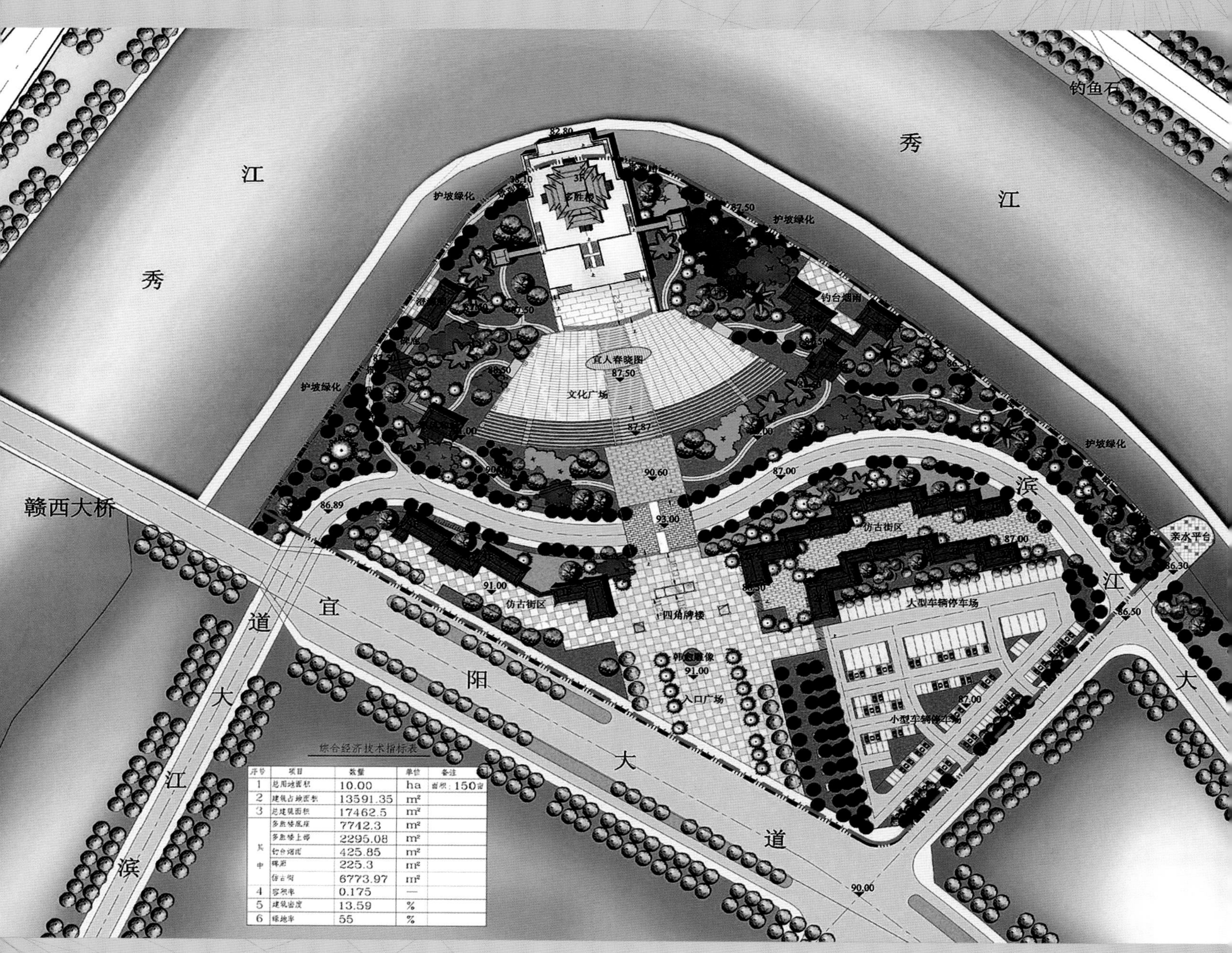

综合经济技术指标表

序号	项目	数量	单位	备注
1	总用地面积	10.00	ha	亩积：150亩
2	建筑占地面积	13591.35	m²	
3	总建筑面积	17462.5	m²	
其中	多胜楼底座	7742.3	m²	
	多胜楼上部	2295.08	m²	
	钓台烟雨	425.85	m²	
	牌坊	225.3	m²	
	仿古街	6773.97	m²	
4	容积率	0.175	—	
5	建筑密度	13.59	%	
6	绿地率	55	%	

一、地理位置及项目概况

多胜楼景区位于宜春宜阳新区秀江之滨，东为规划用地，南临宜阳大道，西、北两侧抵秀江，呈长方形，规划面积约10万平方米（150亩）。良好的滨水环境使这里成为了宜春市重要的景观休闲用地之一，景区的主体建筑多胜楼紧邻秀江，其他建筑因地制宜巧妙布局。规划拟通过现代与传统相结合的造园手段，展示宜春悠久的历史文化，再现诗赋中所描绘的“莫以宜春远，江山多胜游”的美景。

二、设计原则

（1）通过对唐时韩愈所写的“莫以宜春远，江山多胜游”的抽象再造，围绕多胜楼这一主体进行分区，在展现多胜楼风貌的同时，展示宜春悠久的历史、文化底蕴以及深厚的秀江文化。

（2）体现景观规划与大众行为相结合的设计原则，每个功能区各具特色、相互辉映，共同构成一个具有优美画面和意境的滨水园林景观。

（3）重点体现园林闲游、文化演艺、登高眺望的三大功能，以美化和改善环境，为游人提供一个可游可憩的观赏活动空间。

三、规划总体构思和理念

单体建筑以形体和与众不同的背景使人产生特色鲜明的感觉和强烈的记忆效果。多胜楼的设计在充分体现中国传统阁楼式建筑特色（诸如高台、柱廊和檐部斗拱大屋顶的三段式组合）的基础上，强调传统题材的景观建筑地域特色。首先具备了历史文化与名人特色；其次体形上采用十字抱厦，丰富的立面形态增加了建筑的可识别性与记忆性。因此，多胜楼的特色就在于集名人、建筑形态于一体。

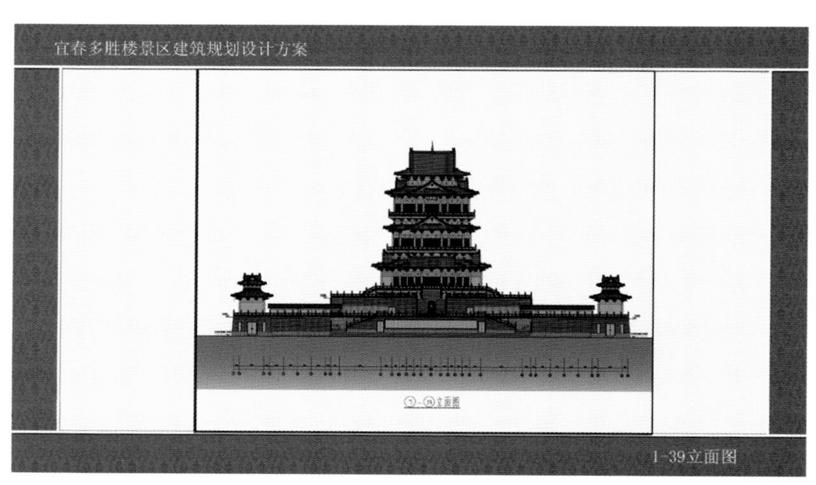

1-39立面图

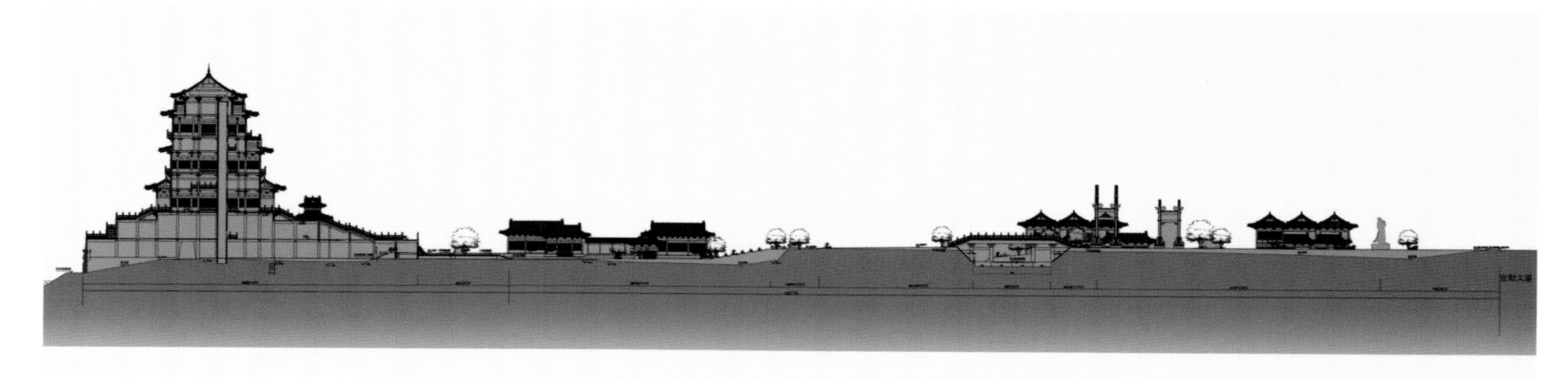

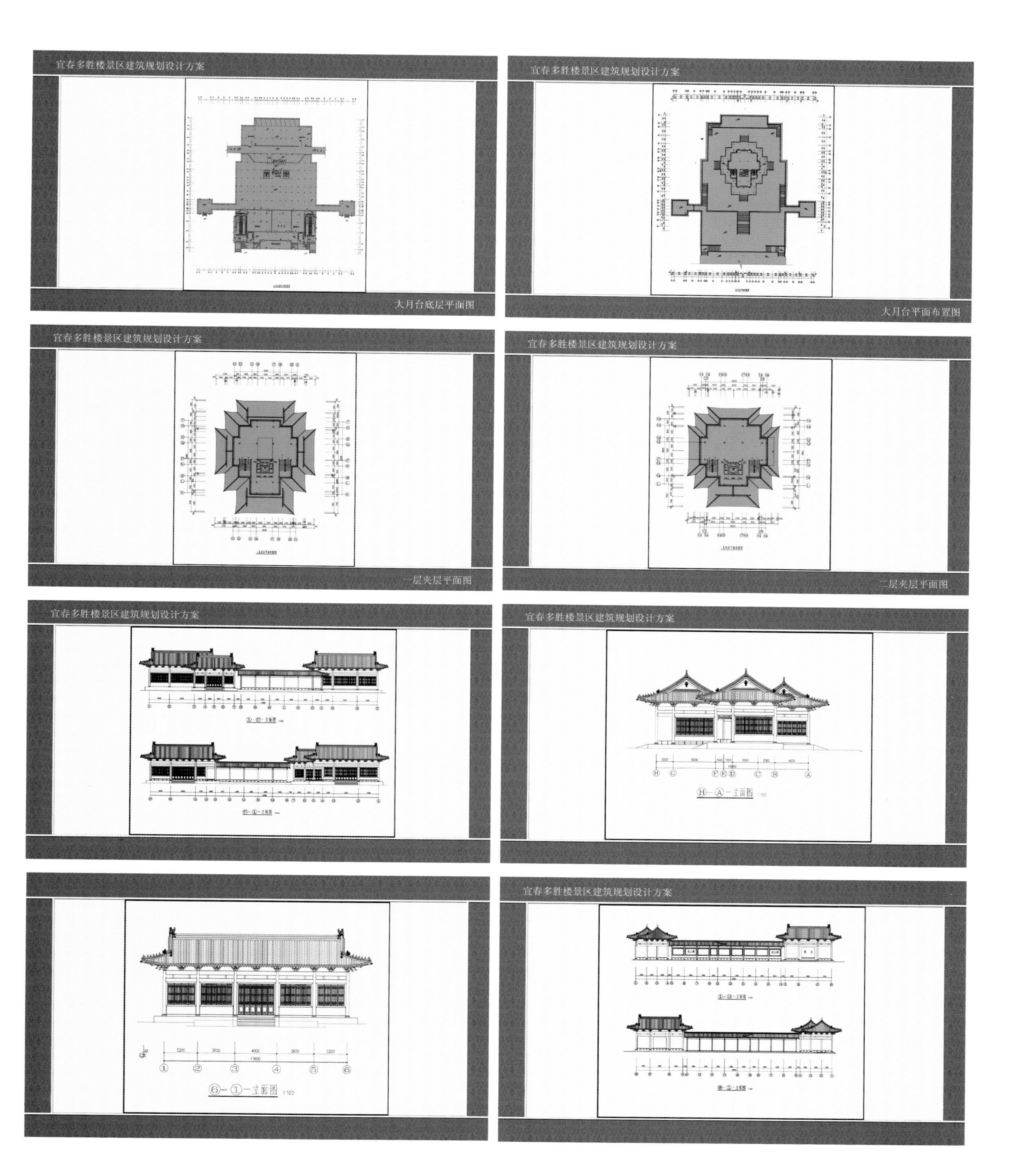
宜春多胜楼景区建筑规划设计方案
大月台底层平面图
宜春多胜楼景区建筑规划设计方案
大月台平面布置图
宜春多胜楼景区建筑规划设计方案
一层夹层平面图
宜春多胜楼景区建筑规划设计方案
二层夹层平面图
宜春多胜楼景区建筑规划设计方案
宜春多胜楼景区建筑规划设计方案
Ⓗ—Ⓐ一立面图
宜春多胜楼景区建筑规划设计方案
⑥—①一立面图

主　　编：闫　京
编　　委：闫　京　陶向军　辛冬根　李海林　田鸿喜
李信伟　杨树林　易峥嵘　童武民

图书在版编目(CIP)数据

空间盛典：江西设计十年 / 闫京主编. —武汉：华中科技大学出版社，2013.11
ISBN 978-7-5609-8777-4

Ⅰ. ①空… Ⅱ. ①闫… Ⅲ. ①室内装饰设计－作品集－江西省－现代 Ⅳ. ①TU238

中国版本图书馆CIP数据核字(2013)第056627号

空间盛典　江西设计十年　　闫京 主编

出版发行：华中科技大学出版社（中国・武汉）
地　　址：武汉市武昌珞喻路1037号（邮编:430074）
出 版 人：阮海洪

责任编辑：刘锐桢　　责任监印：秦　英
责任校对：曾　晟　　装帧设计：张　艳

印　　刷：北京佳信达欣艺术印刷有限公司
开　　本：965 mm×1270 mm　1/16
印　　张：16.5
字　　数：13.2千字
版　　次：2013年11月第1版第1次印刷
定　　价：248.00元（39.99 USD）

投稿热线：(010)64155588-8000 hzjztg@163.com
本书若有印装质量问题，请向出版社营销中心调换
全国免费服务热线：400-6679-118　竭诚为您服务